U0496983

河北走向新型城镇化的实践与探索丛书 ③

精彩蝶变

河北省城镇面貌三年大变样设区市风采录

河北省城镇面貌三年大变样工作领导小组
河北省新闻出版局 主编

河北出版传媒集团公司
河北人民出版社

《河北走向新型城镇化的实践与探索丛书》编委会

主　任：宋恩华

副主任：高建民　曹汝涛　朱正举　李晓明

编　委：王大虎　苏爱国　唐树森　马宇骏　曹全民
　　　　肖双胜　赵常福　赵义山　戴国华　张明杰
　　　　冯连生

编　辑：（按姓氏笔画为序）
　　　　于文学　王苏凤　孙燕北　孙　龙　吴　波
　　　　张国岚　张　浩　李英哲　李伟奇　宋　佳
　　　　罗彦华　孟志军　高晓晓　焦庆会

序

从2008年到2010年，在河北省委、省政府的坚强领导下，燕赵大地上的广大干部群众，深入扎实地开展了城镇面貌三年大变样工作。11个设区市作为全省中心城市，无疑是城镇面貌三年大变样工作的主战场。

三年来，11个设区市围绕城市环境质量、城市承载能力、城市居住条件、城市现代魅力、城市管理水平五大目标，以前所未有的决心、气魄和力度，突破了"不敢想"、"不可能"的思想束缚，从规划设计攻坚到基础设施升级改造，从景观环境整治到支路背街小巷整治，从园林绿化到"两厂（场）"建设，从"三改"工程到保障性安居工程建设，从优化房地产业发展环境到城建投融资改革，打响并且打赢了一个又一个战役。

三年来，11个设区市的环境质量实现了新变化，天变蓝了、水变清了、生态环境改善了；承载能力实现了新变化，道路宽畅了、设施增多了、功能更加完备了；居住条件实现了新变化，住房改观了、生活改善了、群众幸福感增强了；个性魅力实现了新变化，品质提升了、特色显现了、现代气息更浓了；管理水平实现了新变化，秩序改善了、机制建立了、文明程度提高了。"三年大变样"使干部队伍得到了实实在在的锻炼，使城市竞争力和聚集财富的能力得到了实实在在的提高，使人民群众得到了实实在在的实惠。11个设区市的实践证明，城镇面貌三年大变样是顺应河北人民过上更加美好生活新期待的正确决策，也是河北省经济社会发展具有里程碑意义的重大事件。

城镇面貌三年大变样，为我们再接再厉、又好又快地推进城镇化和城市现代化奠定了良好基础。下一个三年，我们将着力推进城市发展方式转型，坚定不移、坚持不懈地推动城镇建设三年上水平，在新的起点上实现新的历史跨越，11个设区市仍将是城镇建设三年上水平的主战场。

展望未来三年，11个设区市将围绕繁荣和舒适两大目标，继续大力度推进城市更新改造，着力建设资源节约、环境友好、可持续发展城市，实现城市环境质量上水平；加快高端人流、物流、资金流、技术流、信息流向城市汇集，实现城市聚集能力上水平；推进城市基础设施一体化建设和网络化发展，实现城市承载功能上水平；加强保障性住房和便民服务设施建设，实现城市居住条件上水平；塑造富有地域特色的品牌城市，实现城市风貌上水平；建立高效的城市管理体制和运行模式，实现城市管理服务上水平。可以想见，通过第二个三年的努力，11个设区市将会成为区域经济发展高地、生态宜居幸福家园。

城镇面貌三年大变样成效明显、令人鼓舞，城镇建设三年上水平任务繁重、催人奋进。值此城镇建设三年上水平工作开端之际，对11个设区市三年大变样工作进行总结，将其工作思路、工作举措和工作成果编辑成"风采录"，以作为今后工作的借鉴。是为序。

河北省人民政府副省长 宋恩华

2011年8月26日

目录

石家庄

2 / 奏响三年城变乐章

中共石家庄市委　石家庄市人民政府

10 / 全力打造繁华舒适现代一流城市　　　　　艾文礼

14 / "三年大变样"的坚实基础——规划攻坚行动

石家庄市城乡规划局

唐　山

20 / 励精图治　奋发有为　加快建设高标准省域中心城市

中共唐山市委　唐山市人民政府

28 / 加速城镇化进程

把唐山打造成繁荣舒适的现代化城市　　　　王雪峰

33 / 实施城镇面貌三年大变样

加快建设现代化沿海生态城市　　　　陈国鹰

38 / 一湾碧水绕城走　城水相依共繁荣

唐山市唐河青龙河开发建设指挥部

邯 郸

46 / 好风凭借力　建设新邯郸

中共邯郸市委　邯郸市人民政府

59 / 统筹城乡互动发展　建设区域中心城市　　　郭大建

67 / 以更大的魄力更高的标准落实"三年上水平、

　　　邯郸要先行"的要求　　　郑雪碧

74 / "刘家场速度"是如何创造的

中共邯郸市丛台区委　丛台区人民政府

承 德

80 / 中疏助旧城显历史沧桑　拓城促新区亮时代风采

中共承德市委　承德市人民政府

91 / "塞外明珠"绽放光彩　国际旅游城市逐步形成

杨　汭

98 / 加快保障性安居工程建设

　　　推进城镇建设三年上水平　　　赵风楼

101 / 实施"一线工作法"　创造一流棚改速度

承德市棚户区改建工作指挥部

张家口

108 / 变"山河好大"为"大好河山"

中共张家口市委　张家口市人民政府

119 / "三年大变样"：一场推进科学发展的生动实践

许 宁

125 / "三年大变样"是统筹城镇化的总抓手

王晓东

132 / 做足"水文章" 精心打造城市核心景观带

张家口市城镇化办公室

秦皇岛

140 / 倾心打造独具魅力的滨海之城

中共秦皇岛市委 秦皇岛市人民政府

147 / 城镇建设三年结硕果 "三宜"滨海名城谱华章

王三堂

152 / 坚持低碳生态理念

走具有自身特色的可持续发展之路　　朱浩文

廊　坊

158 / 一座年轻城市的梦想

中共廊坊市委 廊坊市人民政府

164 / 以革命的思想打造一流的城市　　赵世洪

169 / "三年大变样"带动廊坊跃上发展快车道

王爱民

178 / 抓规划　塑精品　景观整治创"金光道模式"
　　　　　　　　　　　　廊坊市城镇面貌三年大变样办公室

保　定

184 / 狠抓大水系大交通大城市建设
　　　提升历史文化名城品位
　　　　　　　　　　　　中共保定市委　保定市人民政府

193 / 一个统领　两个品牌　三大建设　四项创新
　　　全力推进城镇面貌三年大变样　　　　　宋太平

199 / 古城染翠正其时
　　　——关于创建国家园林城市的体会与思考　　李　谦

207 / "情"字当先　和谐拆迁
　　　　　　　　　　　　保定市清真寺片区拆迁指挥部

沧　州

212 / 加快推进沧州城市现代化战略的实施
　　　　　　　　　　　　中共沧州市委　沧州市人民政府

224 / 抢抓机遇　强势推进　全面提升沧州城镇化水平
　　　　　　　　　　　　　　　　　　　　　郭　华

228 / 打造"一主两副多颗星"
　　　全力推进沧州城镇化进程　　　　　　　刘学库

衡　水

234 / 生态湖城向我们走来

中共衡水市委　衡水市人民政府

241 / "三年大变样"：

加速推进衡水城镇化的一次重大机遇　　刘可为

246 / 突出生态特色　打造湖城品牌

全力以赴推进"三年大变样"工作　　高宏志

邢　台

254 / "三年大变样"使邢台更具城市魅力

中共邢台市委　邢台市人民政府

260 / 抢抓机遇　乘势而上

推动邢台城镇面貌三年大变样　　姜德果

266 / 建设美好家园　创造幸福生活　　刘大群

石家庄
SHIJIAZHUANG

◎奏响三年城变乐章
◎全力打造繁华舒适现代一流城市
◎"三年大变样"的坚实基础——规划攻坚行动

奏响三年城变乐章

中共石家庄市委　石家庄市人民政府

　　城镇面貌三年大变样是省委、省政府在新的历史起点上，准确把握城市发展规律、全面落实科学发展观的一项事关全局的重大战略，不单纯是改变城镇面貌，更是抢占经济发展"制高点"的战略之举，是保增长、扩内需、调结构、惠民生的有力抓手，也是激发观念之变、思路之变、举措之变、成效之变的强大动力。

　　石家庄作为河北省的窗口，是全省城市建设的重点。石家庄的建设发展状况在一定程度上代表河北的整体形象，展示河北现代化建设的成果，体现河北社会财富的积累。石家庄理应在全省"三年大变样"中率先实现重大突破，发挥好示范带头作用。

　　2008年以来，各级、各部门按照省委、省政府的决策部署，解放思想、自我加压、埋头苦干、强力推进，圆满完成了城镇面貌三年大变样"五项基本目标"的80项考核指标，不仅使省会面貌发生了深刻变化，更重要的是使城市的环境质量、载体能力、综合实力以及人民群众的归属感、自豪感和幸福感得到了快速提升。

　　2008年以来，按照省委、省政府关于城镇面貌三年大变样的决策部署，石家庄市委、市政府面对城市建设"补课"和"赶超"的双重任务，在对自身实际和发展形势进行认真分析和科学研判的基础上，对"三年大变样"工作进行了系统安排和全面部署：第一年，以拆为先，大力推进主路主街和主要出入市道路两侧拆迁，基本实现主城拆迁规划到位；第二年，拆建结合、以建为主，加快建设主城区，谋划启动新城区，实现"三年大变样"70%的目标；第三年，拆建与整治相结合，以"20项重点工作"为抓手，主城强化管理，新区加快建设，圆满实现"三年大变样"目标。

三年来，我们始终坚持高端规划、顶级设计，聘请国际国内一流规划设计团队系统编制完善了城市空间发展战略规划、总体规划、分区规划、详细规划等各层级、各专项规划体系，科学确定了一城三区三组团的城市空间布局以及园林水系、道路交通等重点项目和重点片区规划方案，充分发挥城市规划的龙头引领作用，做到了先规划后决策，先设计后建设。在省委、省政府的正确领导和省直有关部门的大力支持下，全市各级、各部门解放思想、自我加压、埋头苦干、强力推进，城镇面貌三年大变样取得了丰硕成果，不仅使省会面貌发生了深刻变化，更重要的是使城市的环境质量、载体能力、综合实力以及人民群众的归属感、自豪感和幸福感得到了快速提升。这三年取得的辉煌成就，必将在石家庄发展史上留下浓墨重彩的一笔。

这三年，城市发展战略实现了新变化，最为明显的标志是城市发展方向明确了，框架拉开了，布局优化了。围绕建设500万人口规模的特大城市，高点站位，顶层规划，作出了北跨发展重大决策，谋划确定了"1+3"城市发展新体系，形成了以"老城区+正定"为核心，以藁城、栾城、鹿泉为组团的都市区空间布局，描绘了几代石家庄人梦寐以求的"跨河发展、一河两岸"的美好城市愿景。

这三年，城市环境质量实现了新变化，最为明显的变化是天变蓝了，水变清了，生态环境改善了。我们以壮士断腕的决心和勇气，搬迁重污染企业48家，削减燃煤554万吨，拆除水泥机立窑122座，结束了石家庄市机立窑生产水泥的历史。2010年，大气环境质量达到了国家二级标准，市区二级以上优良天气达到319天，比2007年增加30天；市域主要河流水质基本达到省控标准。

这三年，城市居住条件实现了新变化，最为显著的成效是违章建筑拆除

◎ 拆墙透绿后的水上公园

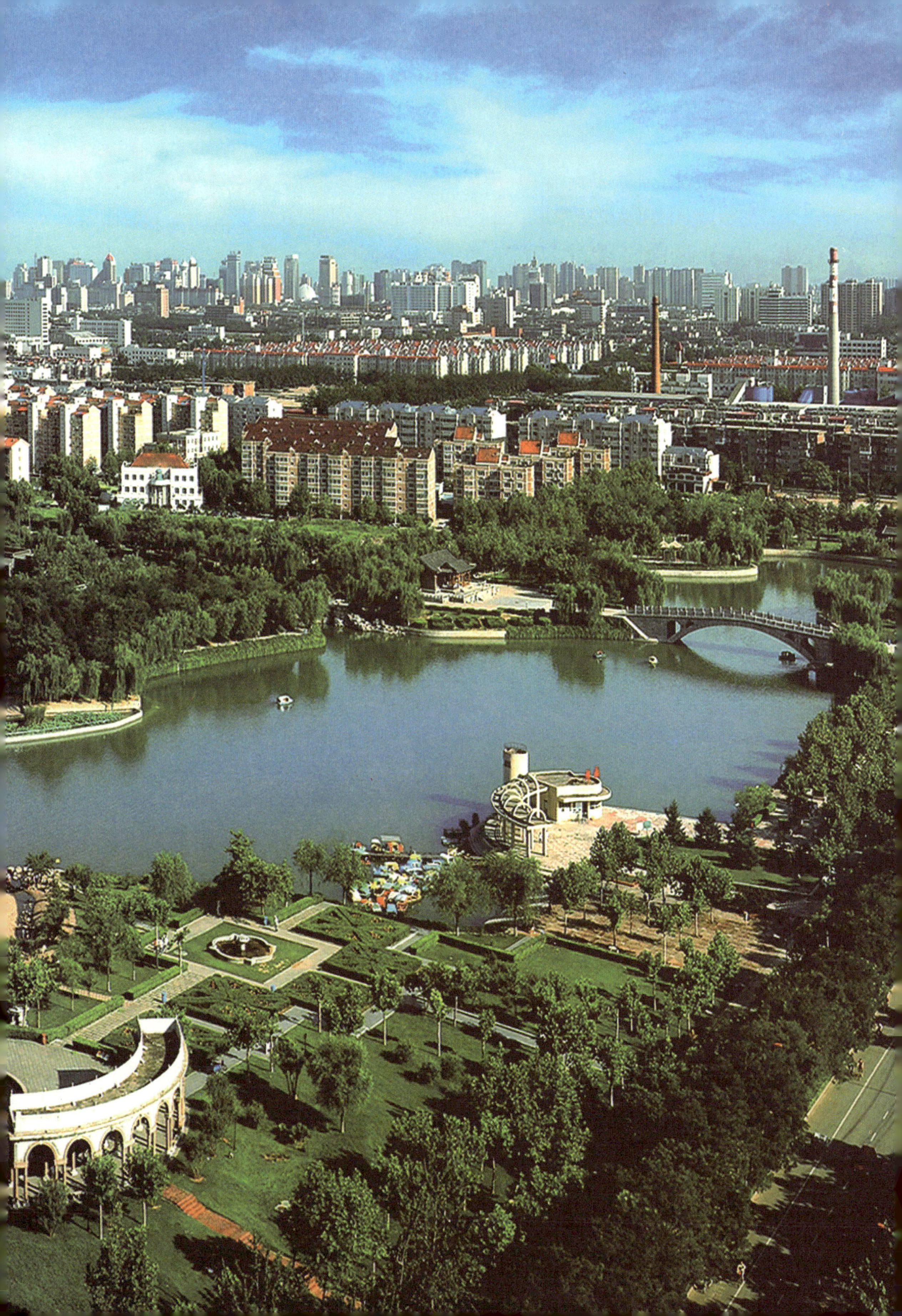

了，城中村改造加快了，居住环境优化了。三年共拆除各类建筑2210万平方米；53个城中村启动改造，其中32个完成拆迁，202栋回迁楼建成投用，227栋正在加紧建设，回迁居民1.9万户；整治居住小区177个、655.2万平方米，整治小街巷454条，惠及近200个生活小区、100万城市居民，让广大老百姓切实感到了身边的、眼前的、脚下的变化。

这三年，城市承载力实现了新变化，最为直接的感受是道路宽畅了，设施增多了，功能更加完善了。石太高速建成通车，铁路枢纽改造和京石、石郑高速铁路加快推进；石环路、二环路提升改造全线完工，新改建城市道路300余公里，人均道路面积达到16.68平方米，比2007年增加5.04平方米；新增绿化面积1597万平方米，人均公园绿地面积达到了14.4平方米，比2007年增加6.29平方米，绿地率达到41%，比2007年提高8.3个百分点；市广电中心、图书馆、美术馆等一批文体设施相继建成投用，新建、改建标准化菜市场60座，城市供水普及率稳定在100%，集中供热达到80%以上。

这三年，城市个性魅力实现了新变化，最为鲜明的特征是品位提升了，特色彰显了，现代气息更浓了。新建、提升了以民心广场、文化广场、裕西公园、长安公园为代表的游园、公园、广场52个，建成了槐安路快速大道、裕华路迎宾大道、中山路繁华大道以及12条繁华特色商业街，整治装修楼宇4109栋，对裕华路、中山路、中华大街等道路和火车站广场等重要节点区域550多栋楼宇实施了高标准的夜景亮化，万象天成等一批彰显时代特色的大型城市综合体相继竣工，总长108公里的环城水系即将实现"五通"，干涸40年的滹沱河又呈现出碧波荡漾、生机盎然的景象。

　　这三年，城市管理水平实现了新变化，最为突出的表现是规划超前了，体制理顺了，机制创新了。打开石门，聘请一流团队，编制完善了各类规划，基本实现了控制性详规全覆盖；大幅度向各区下放园林绿化、环境卫生和城市容貌管理权限，建立了数字化城市管理系统，全面实施了万米网格化管理，"两级政府、三级管理、四级服务"的城市管理新格局初见成效。

◎ 美丽家园

这三年，新区建设实现了新突破，最为鲜明的特点是理念超前了、规划制定了、序幕拉开了。按照"低碳、生态、智慧"的理念和"一年建环境、三年出形象、五年出规模、十年建新区"的目标，完成了新区30平方公里起步区控制性规划和135平方公里概念性规划等7个规划、14个项目启动建设，2011年"五一"前将再开工20个项目，"七一"前开工30个项目。

这三年，县城面貌实现了新变化，最为重要的体现是力度加大了，措施具体了，标准提升了。18个县（市）和矿区大力实施干道通达、路网完善、样板街打造、两厂（场）建设等县城做美"十大工程"，拆迁各类建筑1115万平方米，投入资金655亿元，32个污水处理厂和14个垃圾处理厂全部建成投用，新建、改建1万平方米以上公园87座，新增绿地647万平方米。

这三年，城市财富积聚效应实现了新变化，最为直接的表现是土地增值了，资金引来了，战略支撑项目增多了。"三年大变样"促进了各级干部思想观念和工作作风大转变，推动了服务质量大提升，形成了支持发展、服务发展的浓厚氛围，为大项目、好项目的落地实施创造了良好条件。六大投融资平台引进市外资金990亿元，目前泰国正大、美国沃尔玛、英国特易购等一批世界500强公司和香港华润、保利集团、大连万达、中冶科工、广州恒大、中电投、湖北蓝特、江苏雨润、苏宁电器等国内战略投资者和重大产业支撑项目纷纷落户石家庄。三年来累计完成投资2965.6亿元，有力拉动了经济增长；全市储备库现存土地2.7万亩，出让价款可达1081亿元。

这三年，全市干部群众精神面貌实现了新变化，最为明显的体会是思想解放了、作风转变了、凝聚力增强了。"三年大变样"推进了思想大解放，培育了真抓实干的硬作风，凝聚了勇于攻坚克难的城市力量，过去不敢想的现在敢想了，过去不敢做的现在平稳有序地做成了，为全市加快发展提供了无穷的精神财富。

"三年大变样"任务的胜利完成，不仅改善提升了城镇功能和形象，更重要的是带来了思想观念、精神面貌、能力素质、体制机制以及经济社会发展等诸多方面的深刻变化；不仅是一次城市建设的大会战，更是一场推进思想解放、科学发展、创新机制、改善民生和加强干部队伍建设的生动实践；不仅创

造了丰厚的城市有形资产，更为省会未来发展创造了许多无形的精神财富和思想成果。"三年大变样"任务的全面完成，为推进城市建设三年上水平和实现省会转型升级、跨越赶超奠定了坚实基础。其巨大成效和深远影响必将永远镌刻在省会发展的历史丰碑上。

今后三年，是省会实现"转型升级、跨越赶超"的关键时期。为加快推进城镇化和城市现代化进程，勤劳的石家庄人民紧紧围绕打造繁华舒适、现代一流省会城市的目标，坚持老城提升与新区建设"双轮驱动"、城市建设与产业发展统筹协调，更新理念，转变方式，深化改革，大力实施新一轮大规模的城建开发改造，突出抓好老城区、正定新区、空港工业园、大西柏坡四大重点区域，着力推动城市环境质量、聚集能力、承载功能、居住条件、风貌特色、管理服务上水平，快速聚集现代产业、优质要素，真正把省会打造成为区域经济发展高地、生态宜居幸福家园。

全力打造繁华舒适现代一流城市

艾文礼

2008—2010年，是石家庄发展历程中极不寻常、极不平凡的三年，大事多、急事多、难事多。我们在党中央、国务院和省委、省政府的正确领导下，积极应对国际金融危机的冲击，全面实施"三年大变样"战略，保持了经济平稳较快发展、政治安定、社会和谐稳定的好局面。

三年来，我们按照省委、省政府关于城镇面貌三年大变样的决策部署，紧紧围绕打造繁华舒适现代一流省会城市的目标，解放思想、打开石门、开放市场，举全市之力掀起了建市以来最大规模的城建改造工程，三年累计完成投资2900多亿元，一批彰显省会特色和形象的重大工程如期竣工投用，圆满完成了"三年大变样"目标任务，省会面貌、环境质量、承载功能、综合实力以及人民群众的幸福感得到了显著提升。

城市建设"三年大变样"，不仅使省会面貌发生了巨大变化，而且对经济社会发展产生了强劲的凝聚、带动和吸附效应。一是"大变样"引发了一系列扩张性经济行为，产生了强劲的"带动效应"，对经济的拉动作用愈加明显。2010年，面对金融危机，全市地区生产总值实现3400亿元，增长12.7%；全部财政收入387.9亿元，增长25%。二是"大变样"促使城市面貌迅速改观，"软"、"硬"环境不断优化，城市的"聚集效应"更加明显，美国沃尔玛、英国特易购等一批世界500强公司和香港华润、大连万达等国内战略投资者和重大产业支撑项目纷纷落户石家庄。三是"大变样"催生了城市力量大凝聚，产生了强烈的"凝聚效应"，形成了全民共建的浓厚氛围，彰显了整个城市的力量。通过"三年大变样"，使市民对这座城市有了归属感，特别是对于城市的美好前景有了憧憬感，以及生活在这座城市的自豪感，这是金钱所买不到的。无论干什么事情，最终还是要老百姓认可，老百姓满意。

在"三年大变样"的实践中，我们主要有五点体会和认识。

一是正确决策是根本。三年来的工作表明，省委、省政府"三年大变样"的决策部署立意高远，内涵丰富，符合实际，顺应民意，十分英明，完全正确，是贯彻落实科学发展观的生动实践，是加快推进城市化进程的重大战略，是保增长、扩内需、调结构、惠民生的有力抓手，是推进城市建设协调、健康、可持续发展的强大动力，更是省会大发展、快发展的重大机遇。

二是解放思想是前提。无论干任何事情，必须打开解放思想这个总阀门。只有解放思想，才能突破传统的思维定势，打破路径依赖，走出"不可能"这个怪圈。现在回过头来看，很多三年前不敢想、不敢干的事，我们都干成了，这都是思想不断解放的结果。

三是转变作风是关键。坐着谈作风，不如干着转作风。"三年大变样"成为锤炼干部作风的"练兵场"，形成了真抓实干的过硬作风，有力保证了各项建设任务的快速推进。例如，常规需要一年半工期的裕华路和槐安路高架两条主干道工程四个月完工，计划工期两个月的北站广场改造工程仅用35天就实现旧貌换新颜。

四是科学统筹是保证。"三年大变样"工程浩大，必须加强科学统筹，协调有序推进。具体实施中，首先突出一个"精"字，牢固树立精品意识，对每项工程都要精心设计、精心施工，对每道工序都要精雕细刻、精益求精，对每种建材都要精挑细选、精心把关，努力建成具有视觉冲击力和心理震撼力，经得起历史检验，受得起百姓评说的精品工程。其次是体现一个"快"字。科学组织、周密安排、倒排工期、挂图作战，坚持领导在一线指挥，困难在一线克服，矛盾在一线化解，问题在一线解决，确保如期保质完成建设任务。第三是落实一个"严"字，牢固树立"百年大计，质量第一"、"完成任务，拒绝理由"的理念，严明责任、严格督查、严厉问责，确保工程质量。

五是改革开放是动力。坚持向改革、开放要动力，在解决城建投资上，按照政府主导、市场运作、社会参与的原则，加大整合运作国有资源、资产、资金、资本"四资"的力度，将市本级的六个投融资平台整合为四个投融资平台，建立由政府直接管控的投融资主体，较好地解决了投融资问题。与此同时，打开石门，开放规划、开放市场、开放融资，引进新理念、新机制、新技术、新材料，引进高水平的设计、施工队伍，引进科学的管理方式，统筹规划，协调推进。

今年是"十二五"的起步之年，也是省会城市建设三年上水平的开局之年。今后三年，石家庄市将以科学发展观为指导，以加快转变经济发展方式为主线，以改革创新为动力，坚持老城提升与新区建设双轮驱动、城市建设与产业发展统筹协调的原则，以老城区、正定新区、东部产业新城、空港工业园和大西柏坡等重点区域为引擎，全面推动城市环境质量、聚集能力、承载功能、居住条件、风貌特色、管理服务上水平，着力做大做强优势产业，着力保障和改善民生，着力推进城乡统筹发展，真正把城市建设成为区域经济发展高地、生态宜居幸福家园，倾力打造繁华舒适、现代一流的省会城市。

（作者系石家庄市人民政府市长）

◎ 裕华路绿化

"三年大变样"的坚实基础
——规划攻坚行动

石家庄市城乡规划局

石家庄市城镇面貌三年大变样以来，按照省委、省政府的总体部署，市委、市政府的具体安排，石家庄市城乡规划局努力强化四种意识，实现以"过硬的队伍、高水平的城乡规划、更高的标准、良好的形象"助力省会城镇面貌三年大变样。

在"三年大变样"的开端年，市城乡规划局经过多次研究和反复论证，确定了"大思路大气魄、以建促拆、科学规划、建设一步到位"的规划思路，按照"一切工作都以一流省会城市的标准来衡量，一切规划都以一流省会城市的标准来谋划，一切设计方案都以一流省会城市的水平来把握"的工作标准，牢固树立"以人为本、生态优先、高端设计、顶级规划、高层策划"的理念，对标国内外先进城市，对标省委、省政府"三年大变样"、"五项目标"和市委、市政府的各项部署，把国内外先进城市的发展理念贯穿于城市规划编制实施的全过程，不断提高省会首位度，促进了"三年大变样"工作的落实。

在2009年9月至11月，按照《河北省2009年全省城市规划设计集中攻坚行动实施方案》的要求，石家庄市开展了城市规划设计集中攻坚行动。石家庄市城乡规划局充分发挥城乡规划在城镇面貌中的主力军作用，为规划攻坚行动的胜利发挥了不可替代的作用。

对于规划攻坚行动，石家庄市委、市政府领导高度重视，迅速成立了由市委副书记、市长艾文礼担任总指挥，市委常委、副市长王大虎担任副总指挥的市规划设计集中攻坚行动指挥部。指挥部下设办公室，办公室主任由市城乡规划局局长王晓临兼任，办公室副主任由市城乡规划局副局长李惠林、牛雄担任。同时，指挥部下设8个规划编制组、4个工作组、4个专家组。各组实行组长负责制，重大问题由集体决策。编制组下设85个项目组。市规划设计集中攻坚行动指挥部的成立和市城乡规划局的通力配合，确保了规划攻坚行动的圆满完成。

本次规划攻坚行动以科学发展观为指导，紧紧围绕建设繁荣舒适、现代一流省会城市的目标，统筹城乡空间布局、产业发展、资源利用、环境保护，坚持用科学的规划引领中心城区发展，拉开城市框架，优化城市布局，完善城市功能，改善城市环境，提升城市品位；坚持城乡统筹，以城带乡的理念，以县城规划建设为重点，完善县城基础服务设施，提升县城综合承载能力，增强县城辐射带动作用，推动城乡经济、社会、生态、环境协调发展。

本次规划攻坚行动，涉及城市规划建设的方方面面，包罗万象，许多棘手的问题需要在3个月的时间里解决，任务重，时间紧。面对艰巨的任务和诸多困难，市城乡规划局干部职工形成了"一切工作都以一流省会城市的标准来衡量，一切规划都以一流省会城市的标准来谋划，一切设计方案都以一流省会城市的水平来把握"的共识，并以此作为工作标准。为了保质保量地完成规划攻坚任务，在规划攻坚行动指挥部的领导下，市城乡规划局召集编制组、专家组、工作组中所有人员集中办公，先后完成了规划编制任务书的拟订，规划设计单位的选定，规划设计合同的签订，基础资料的搜集，规划大纲的编制、审查和规划方案编制，规划方案的公示、审查与提升，规划成果的审批与公布。城乡处多次组织规划项目专家论证会，邀请国内知名专家学者，对规划集中攻坚行动中的规划项目进行严格的评审和把关，保证了规划攻坚行动的规划项目的高质量和高水平，为规划的实施创造了良好条件，打下了坚实的基础。

在都市区范围内的规划编制过程中，明确了编制重点，突出了战略规划、

◎ 民生路——长廊内街

总体规划、重点地区规划、城市设计与景观规划、城市专项规划、城市控制性详细规划和规划研究。一是编制完成了石家庄市空间发展战略规划，调整完善了城市总体规划，编制了城乡统筹规划。二是编制完成了正定新区规划（总体规划、总体城市设计、起步区修建性城市设计、控制性详细规划）、正定古城风貌提升规划、滹沱河风光带规划、新客站及周边区域规划提升、旧客站及周边区域规划提升、省行政中心区规划提升、东南节点区规划、东部新区规划提升、正定机场周边区域规划、植物园区域开发规划、产业园区规划等城市重点区域的规划。三是在总体城市设计的基础上，编制了主街主路（和平路、新华路、中山路、裕华路、槐安路、红旗大街、中华大街、建设大街、体育大街）城市设计、二环路及沿线区域城市设计、胜利大街城市设计提升（含中央生态景观带）、清真文化商业街城市设计、华清街滨水休闲带城市设计、长江大道城市设计、东垣故城遗址公园详细规划、毗卢寺公园详细规划、组团城市总体城市设计、组团城市重点地区城市设计与景观规划。四是全面完成了石家庄市雕塑规划、城市综合交通规划、城市供电规划、城市环境卫生设施规划、城市绿地系统规划（含水系规划）、城市地下空间开发利用规划、城市商业网点规划（含便民市场）、城市文化设施规划、城市体育设施规划、城市医疗卫生设施规划、城市教育设施规划、城市抗震防灾规划、城市防洪规划、城市消防规划、城市人防工程规划等城市综合类、市政基础设施类、公共服务设施类、防灾减灾类专项规划。五是按照《河北省城市控制性详细规划管理办法》和《河北省城市控制性详细规划编制导则》，编制覆盖石家庄市中心城区和组团城市城区规划建设用地范围的城市控制性详细规划，并完成审批和备案工作。六是开展了规划研究。为了给城市规划发展提供科学依据，还进行了城市北跨动力研究、中心商业商务区功能定位研究、都市区市政基础设施承载力研究、东北工业区改造等研究，确保了各项规划的科学性、前瞻性。

健全了技术指标体系。编制了总体城市设计导则及城市建筑外观设计导则、城市既有建筑整治导则、城市广告牌匾设置导则、城市家具设置导则、城市雕塑规划设计导则、城市夜景照明设计导则、城市色彩控制导则、城市导引标识导则、道路绿化导则、节约建设用地标准、新民居建设导则等城市专项设计导则、道路环境整治导则、居住区环境整治导则（含单位）、组团城市城乡环境整治等市容市貌整治导则。

　　完善了政策法规体系。按照《河北省城市控制性详细规划管理办法》，制定城市土地使用和建筑管理技术规定（含五线管理）、规划条件管理办法、控制性详细规划管理办法等技术规定。修订完善了石家庄市规划管理制度手册、制定都市区规划管理制度和县（市）、矿区规划成果审查管理规定，规划成果验收、存档、发放制度，组团城市规划管理制度。

　　在各县（市）、矿区主要规划的编制过程中，重点抓了以下几方面工作。一是城区总体规划完善。按照省城镇化工作会议要求，进一步完善各县总体规划，包括道路工程、给排水工程、供电工程、供热工程、电信工程、燃气工程、环境卫生设施、绿地系统（含水系）、公共服务设施、综合防灾等规划内容。二是城市设计。编制了各县城的总体城市设计和重要区域、节点城市设计。三是专项规划、控规、镇规划。完成了县（市）、矿区全域范围产业布局规划、县城规划建设用地范围控规全覆盖、所有建制镇总体规划。四是城乡环境整治导则和规划管理制度手册。编制城乡环境整治导则，为城镇和村庄容貌整治提出控制原则，明确整治提升目标；制定规划管理制度手册，进一步规范各县规划管理制度，为县城规划、建设和管理提供制度保障。

　　经过3个多月的不懈努力，石家庄市规划集中攻坚行动圆满成功，同时也实现了壮大中心城、强化都市区、统筹城乡区域的目的；实现了制定环境整治标准，加强城市设计和景观规划的目的；实现了加强历史文化保护，弘扬人文主义精神，构建和谐生态文明的目的。同时通过本次规划攻坚行动，强化了石家庄市的省会意识，强化了率先发展意识、示范引领意识，而且把"石家庄速度"落实到规划攻坚行动中的各个方面，实现了城市规划设计全覆盖，实现了技术标准、导则全覆盖，政策法规全覆盖，为使石家庄市规划体系达到省内第一、国内领先的先进水平打下了坚实的基础。

唐山
TANGSHAN

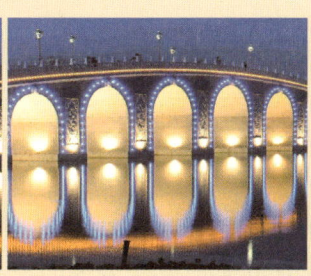

◎励精图治　奋发有为　加快建设高标准省域中心城市
◎加速城镇化进程　把唐山打造成繁荣舒适的现代化城市
◎实施城镇面貌三年大变样　加快建设现代化沿海生态城市
◎一湾碧水绕城走　城水相依共繁荣

励精图治 奋发有为
加快建设高标准省域中心城市

中共唐山市委 唐山市人民政府

2008年以来,唐山市委、市政府按照全省城镇面貌三年大变样工作的统一部署,围绕"城市环境质量明显改善、城市承载能力显著提高、城市居住条件大为改观、城市现代魅力初步显现、城市管理水平大幅提升"五大目标,坚持把城镇面貌三年大变样作为推进资源型城市转型、加速新型城镇化建设的龙头工程,作为保发展、保民生、保稳定的战略举措,作为建设科学发展示范区和人民群众幸福之都的重要抓手,不断加大投入,全力实施攻坚,圆满完成"二年大变样"各项目标任务,"三年大变样"工作取得丰硕成果,有力地促进了全市经济社会又好又快发展,获得河北省城镇面貌三年大变样"突出贡献奖"。"三年大变样"期间,全市累计完成投资超过2000亿元,是唐山市城建史上投入最多、力度最大的三年,也是唐山城镇建设实现跨越式发展、城镇面貌发生历史性变化的三年。

一、城市形态发生深刻变化

着眼于唐山未来发展,围绕建设现代化沿海生态城市,完善城市规划布局,确立了以市中心区和唐山湾生态城为双核,北部山前城市带、南部临海城

市带协调发展的"双核两带"总体思路和空间布局，制定了261项控制性规划、建设性详规和专项规划。规划启动了南湖生态城、唐山湾生态城、凤凰新城、空港城城市"四大功能区"和环城水系、唐山湾国际旅游岛建设，填补了城市功能缺憾，改变了唐山传统资源型城市的固有形态和布局。在城市规划建设中，全面落实生态理念，以唐山湾生态城141项生态城市指标体系为样板，努力贯彻到城镇规划、建设、管理的各个环节；以南湖为模板，实施采煤沉降区、工业废弃地生态治理和修复，积极探索生态城市建设的新模式、新路径，使唐山这座传统工业城市正在加快向现代化生态城市迈进。

二、城市发展框架迅速拉开

实施"四大功能区"和环城水系建设，极大地优化和扩展了城市未来发展空间。南湖生态城规划面积105平方公里，其中核心生态区30平方公里，湖面11.5平方公里，规划建成在国内享有较高知名度和美誉度的政务、休闲、运动、观光综合功能区，建成中心城区和旅游度假胜地。自2008年开工建设以来，仅用一年多时间就建成了国内最大的城市中央生态公园，成为唐山资源型城市转型的重要标志。南湖被国家体育总局授予国家体育休闲示范区称号，2016年世界园艺博览会将在这里举办。唐山湾生态城规划面积150平方公里，一期工程30平方公里，由瑞典SWECO公司编制了30平方公里的概念性总体规划和起步区概念性详细规划，规划建成一流的生态宜居城市、港口城市和示范性城市。目前，12平方公里起步区建设已全面展开，城市基础框架基本形成。凤凰新城规划面积23平方公里，将建成以现代商务中心、总部基地等功能为主的标志性新城区。空港城，规划面积20平方公里，依托唐山军民两用机场，统筹发展空港物流和高新技术等产业。唐山三女河机场已于2010年7月13日通航。环城水系将市区内的唐河、青龙河、李各庄河进行综合治理，新开13公里河道，形成环绕中心城区、河河相连、河湖相通的57公里环城水系，将打造成为城市生态景观带、文化产业带、休闲旅游带和产业升级带，新拓展城市发展空间90平方公里。此外，唐山新火车站规划建筑面积7万平方米，将成为华北地区第3大城市交通综合体，新拓展城市发展空间20平方公里。

三、城市品位显著提升

根据城市规划建设改造的需要，持续开展了大规模拆违拆迁。全市累计拆违拆迁2069.3万平方米，其中市中心区1068.8万平方米。坚持拆建并举，在强力推进拆违拆迁的同时，以主要干道两侧为重点，对重要区域和节点实施了集中连片改造。长青楼、新华楼、农贸市场、老青少年宫等一批改造项目和大体量公建及商住项目陆续启动建设，在建高层建筑565栋。大规模的拆违拆迁，净化了城市环境，改变了城市旧貌，提升了城市形象，也为优化城市发展空间，提升土地价值，显化城市财富，发挥了重要的"集聚效应"。

四、城市环境明显改善

结合创建国家生态园林城市和申办2016年世界园艺博览会，大力推进"绿、美、亮、净"工程。持续开展绿化唐山攻坚行动，森林覆盖率提高4.5个

◎ 唐山市貌

百分点，主城区新增绿化面积1000公顷以上，成为全国绿化模范城市；国家级园林城市（县城）总数达到3个，省级园林城市（县城）达到6个，初步建成了全省首个园林城市群。全面实施主要街道两侧建筑外观、街道景观整治，共完成市中心区917栋沿街建筑外装修和9条道路架空线缆入地，建成21条精品街、示范街和达标街，城市街景进一步改观。以环城水系、南湖生态城、凤凰山大城山、主次干道、桥梁等为重点，全面实施亮化升级。共完成市中心区4个出入口、20条主干道、300个节点的亮化升级，市中心区形成以环城水系为"亮带"，纪念碑广场为"中心"，城市出入口、繁商区、交通枢纽、主要路口、桥梁为"节点"，沿街建筑物为"亮点"的夜景亮化新格局，带动了城市的繁荣。以调整产业结构、推进产业升级为重点，完成中心区10家重污染企业搬迁和20条最差背街小巷、10个最差小区环境整治。2010年，唐山市城市空气质量二级及以上天数达到330天，为近年来最好水平，比三年前增加22天，在全国城

市环境综合整治定量考核中，唐山市排名由三年前的全省倒数第一，跃升为全省第二位。

五、城市功能和承载力进一步增强

三年来，新建改造城市道路27条，新增道路里程104公里，市中心区形成环城快速路网体系，人均道路面积达到15.12平方米；实施永唐秦天然气入市工程，完成民用煤气改天然气27.7万户，市中心区天然气实现全覆盖；实施陡电"凝改抽"、丰润热源入市工程，市区新增集中供热面积1100万平方米；市中心区垃圾填埋场和大型垃圾中转站投入使用，城市基础设施日臻完善。目前，城市供水普及率100%，污水集中处理率91%，集中供热普及率80.5%，燃气普及率99.8%，垃圾处理率100%，各项指标全省领先，达到国内同类城市先进水平。

六、城市管理水平全面提升

坚持建管结合，在快速推进城市建设改造的同时，始终注重加强和改进城市管理。按照"事权合理、责权统一、重心下移、高效便民"的原则，先后将5大类27项城市管理权限下放到县（市）、区，成立了城市管理委员会，组建了城市综合执法机构，将涉及城管、规划、建设、工商和公安等5个政府部门7个方面的城市管理执法职能，统一划归市城管局（行政管理执法局），实行集中执法。启动实施数字规划、数字城管和数字住房平台建设，大力推行城市"网格化、精细化"管理，城市管理科学化、信息化水平显著提高。市民综合素质不断提升，人人关爱城市环境、全民参与城镇建设的氛围日益浓厚。

七、人民群众幸福感不断增强

在城市建设改造中，始终遵循"以人为本、和谐为本"这一根本原则，使城镇面貌三年大变样的过程真正成为提高人民群众幸福指数的过程。根据群众呼声和诉求，市委、市政府坚持把市区震后危旧平房改造、城中村改造、既有建筑节能改造"三项改造"作为改善民生的重要内容，全力加以推进。作为

城市建设和为民办实事"一号工程"的震后危旧平房改造，累计开工建设安置住房1120万平方米、竣工432万平方米，安置居民5.9万户；36个城中村改造全面启动实施；既有建筑节能及供热计量改造1741万平方米，近60万人民群众受益，得到国家住建部和省委、省政府的充分肯定。

八、县城扩容升级加速推进

按照吸纳人口、增加就业、辐射周边、带动农村"四位一体"的思路，加速县城扩容升级。把县城周边5公里范围纳入县城总体布局，利用城乡建设用地增减挂钩政策，率先推动近郊区城镇化。目前，完成了8个县（市）新一轮总体规划、芦汉一体化规划和19个中心镇规划的编制。各县（市）结合自身特点实施了交通路网、景观公园、旧城改造、环境整治等一批重点项目，以迁安、遵化为代表的北部山区中等城市和以乐亭、唐海为代表的南部沿海新型城镇面貌迅速改观，辐射带动能力进一步增强。全市城镇化率达到54.9%，城镇化发展综合指数位居全省首位。

九、城乡统筹协调发展

以被列为省统筹城乡发展试点市为契机，坚持以工业化带动城乡等值、以城镇化拉动城乡等值、以产业化推动城乡等值、以市场化促动城乡等值、以信息化驱动城乡等值。特别是把新民居建设作为推进城乡统筹发展的一个突破口，启动了1000个村的新民居建设；推广"户集、村收、镇运、县处理"模式，全面开展了农村垃圾集中清运处理活动，垃圾集中清运处理达标村（居）达到总村（居）数的95%，农村面貌显著改观。

唐山市将按照全省统一部署，在巩固城镇面貌三年大变样成果基础上，深入推进城镇建设三年上水平，以建设"繁荣舒适的现代化生态宜居城市"为目标，着力推动城市的环境质量、聚集能力、承载功能、居住条件、风貌特色、管理服务六个方面上水平，进一步完善城市功能，丰富城市内涵，改善城市形象，提高城市繁华度，努力实现城镇建设上水平、出品位、生财富，为全省科学发展大局作出新的更大贡献！

◎ 南湖之春

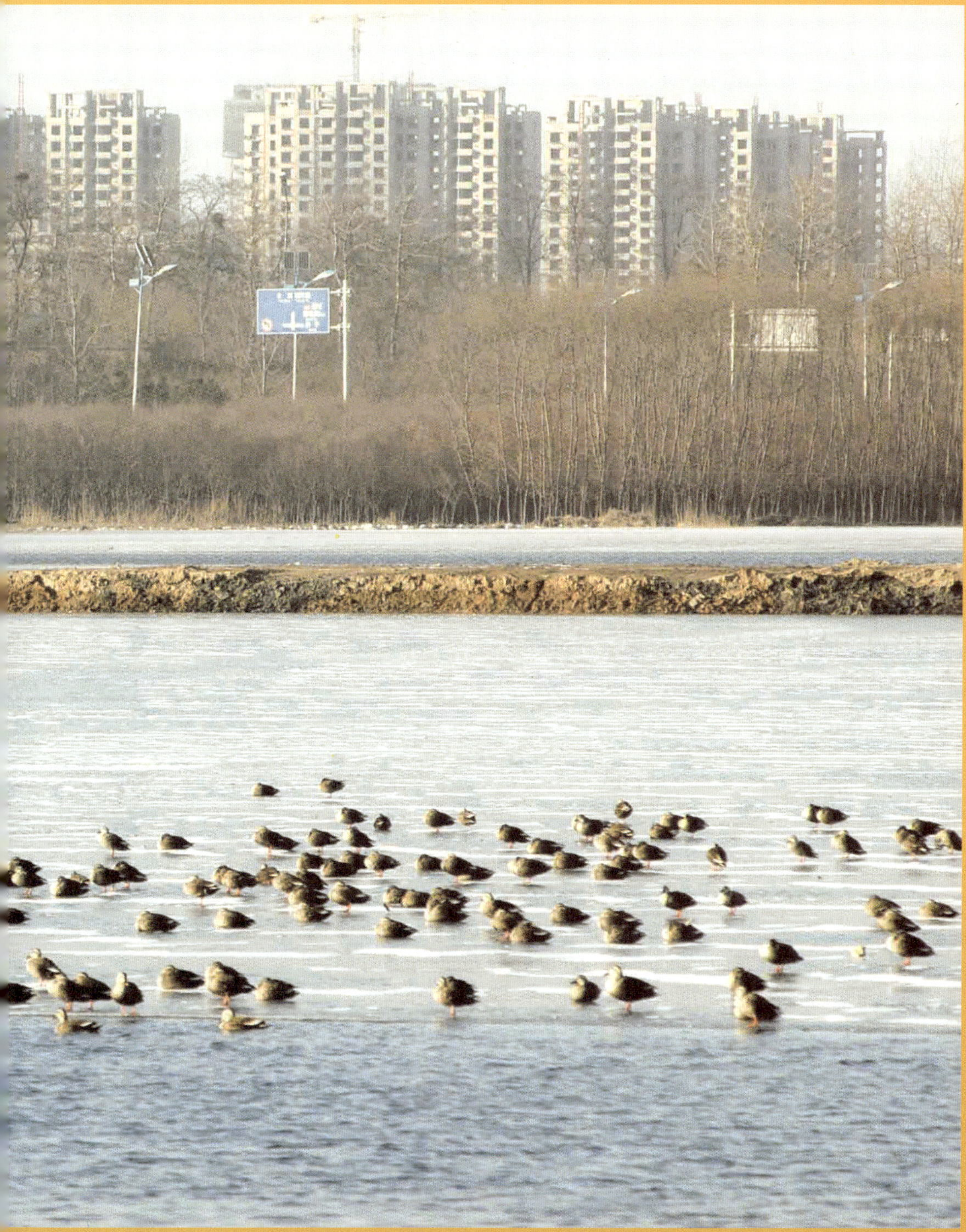

加速城镇化进程
把唐山打造成繁荣舒适的现代化城市

王雪峰

唐山市认真贯彻省委、省政府决策部署,坚持把城镇面貌三年大变样作为城镇化建设的龙头工程,举全市之力加以推进,实施了一大批城镇建设和改造项目,城镇面貌发生了明显改观。实践证明,省委、省政府提出三年大变样、推进城镇化的思路,抓住了制约河北发展的关键问题,明确了全省经济社会又好又快发展的着力点,是推动河北科学发展、富民强省的战略之举。实践也使我们深刻认识到,城镇化作为现代化的强大引擎,是更具全局性、长久性的发展动力,推进唐山科学发展、争先进位,必须在城镇化建设上迈出更大步伐。

一、城镇化加速推进是经济社会发展的必然趋势,是转变经济发展方式、调整经济结构的重大举措

城镇化加速推进是经济社会发展的必然趋势,这一进程将为经济发展提供强大和持久的动力,对加快经济发展方式转变具有重要的促进作用。一是促进工业转型升级,二是带动服务业加快发展,三是加速城乡一体化进程,四是扩大劳动力就业。我们必须顺应这一趋势,把城镇化建设作为转变经济发展方式、调整经济结构的重大战略任务,牢牢抓在手上。

唐山作为一个资源型城市，改革开放之后，依靠自身资源大力发展第二产业，经济实现了快速发展，形成了第一次比较优势。当前和今后一个时期，如何通过加速城镇化进程，促进新兴产业和现代服务业大发展、快发展，从而创造新的比较优势，是一个重要而紧迫的战略任务。因此，我们要在巩固发展城镇面貌"三年大变样"成果的基础上，沿着"三年大变样，三年上水平，三年出品位"的既定路线，进一步加大城镇化建设力度，不断优化城市环境，完善城市功能，丰富城市内涵，更好地聚集人才智力、金融科技、资源资本、知名品牌等各种先进生产要素，促进经济发展方式转变和经济结构调整不断迈出新步伐。

二、坚持"六个结合"，不断提高城镇化建设水平

我们按照省委、省政府的部署，从唐山实际出发，把城镇化建设作为一个系统工程，把握好"六个结合"，着力完善城市功能、提升城市形象、彰显城市文化内涵，增强城市产业聚集力、经济辐射力、人口承载力和综合竞争力。

一是坚持外延拓展与旧城区改造相结合。近年来，我们通过实施"四城一河"开发建设，推进县城扩容，拉开了城市框架，拓展了城市发展空间；通过大力推进旧城区改造，城市面貌得到了较大改善。但在人口集中的旧城区，还有一部分区域建筑陈旧、功能不完善、环境不优，不少市民还不能充分享受城市建设带来的实惠。我们将突出抓好环城水系公园广场建设及周边区域整体改造、南湖生态城、凤凰新城、唐山湾生态城、唐人文化园、空港城、唐山湾国际旅游岛七大综合项目，统筹推进城镇扩容和旧城改造，全面提升城市的内涵、集聚能力、居住条件和承载功能。

二是坚持提升形象与完善功能相结合。在近年大力加强城市绿化、美化、亮化、净化建设和城市基础设施建设的基础上，从今年开始，我们将结合2016年世界园艺博览会会址建设，对主次干道两侧和城市广场、公园、重要建筑进行综合改造，建设一批体量较大、风格各异、彰显特色的景观性、标志性工程，打造城市新亮点。同时，按照适度超前的原则，高起点规划，高质量推进路、水、电、气等交通设施和市政设施建设，建立起布局合理、功能完善、能量充足、运转高效的配套设施体系。

◎ 环线盘巨龙

三是坚持城镇建设与推进产业结构调整相结合。我们将把大力发展现代服务业、打造新的经济增长极、促进经济结构调整作为城镇建设的重要着力点，大力发展文化旅游、休闲健身、金融保险、科技研发、信息咨询等现代服务业，加快发展餐饮、住宿、商贸流通等传统服务业，打造一批城市产业中心区、特色商业街和商贸综合体，提升城市的人气、商气和财气，确保服务业占经济总量比重每年提高1个百分点以上。同时，依托资源禀赋和现有发展基础，以县城扩容为载体、以民营经济为重点、以特色产业为依托，抓好工业聚集区和特色产业园区建设，实现城镇建设与产业发展的互相促进。

四是坚持提升城镇建设水平与提高人民群众生活质量相结合。近年来，我们下大力改善居民居住条件和城市环境质量，实施了震后危旧平房改造、旧住宅完善等工程，得到了人民群众普遍赞誉。我们将进一步加大工作力度，全面推进城镇治污减排工程；继续加大保障性住房和旧小区、城中村和危旧平房改造力度，大幅度改善群众住房条件；高标准建设一批文化、科技、体育、医疗等大型公共服务设施，确保新工人医院、新青少年宫、博物馆改造、文化广场、奥体中心等项目早日投入使用，满足群众多层次的消费需求。

五是坚持城镇建设与统筹城乡发展相结合。前一段，我们在推进城乡规划一体化、城乡建设一体化、城乡公共服务一体化等方面进行了积极探索。我们将以唐山市被省列为统筹城乡发展试点为契机，在进一步做好城市的同时，强化城乡一体化的规划与建设理念，大力推进城市公共服务向周边村镇覆盖，推动工业向园区集中、园区向城镇集中，提升县城和小城镇对农村的吸引力和辐射带动能力；积极推进农村新民居建设，把新民居建设与发展生态农业、休闲观光旅游等产业相结合，与开发传统文化、传承民俗文化、弘扬手工文化相结合，在改善居住条件的同时，开辟更多的生产领域和致富门路。

六是坚持建设与管理相结合。近年来，我们完成了新一轮城市总体规划修编，中心城区控制性详细规划做到了全覆盖；建立城乡服务管理信息系统，大力推行城市"网格化"管理，构建起了较为完备的城市管理新格局。我们要进一步着力提升城市规划品质，融入现代理念，突出地方特色，强化刚性约束，邀请一流专家、一流团队和大师级人物参与城市规划设计；着力提升城市建设品质，打造一批精品工程、标志性建筑和特色街区，市区每年建成10个以上标志性建筑，各县（市）区年内也要建成一条以上景观示范街、两个以上标志性建筑；着力提升城市管理品质，以标准化、精细化管理为核心，建立统筹数字规划、数字城管、数字住房三大平台为基础的现代城市管理体系，不断提高城市管理科学化、精细化、信息化水平。

三、创新体制机制，确保城镇化建设顺利推进

我们坚持把创新体制机制作为推进城镇化的重要抓手，依靠改革创新解难题，破瓶颈，求突破，为加快城镇化建设提供根本保证。一是创新投融资机制。坚持政府引导、市场运作、社会参与，充分发挥财政资金的引导作用，采用多种模式激活社会资本、民间资本，最大限度地盘活城市各类资产，大力引进战略投资者，形成了投融资主体多元化、筹集手段市场化、资金来源多样化的资金投入机制。香港嘉里、万科、万达等一批知名企业纷纷进驻，参与城市建设改造，已落地启动项目总投资800多亿元。二是创新土地利用机制。深入挖掘增量，加大对市区闲置土地、改制企业土地、城中村改造土地的收储力度；盘活优化存量，合理确定土地投资强度，加快清理征而不用、多征少用建设用地项目，有效缓解了土地瓶颈制约。三是创新社会保障机制。围绕深化户籍制度改革、鼓励农民进城，积极探索社会保障新机制，着力破解就业、教育、医疗、卫生、住房、养老和医疗保险等方面难题，推进有条件的农村居民进城落户。目前已经出台了《进一步鼓励和支持农民进城的实施意见》及其配套政策，降低进城门槛，提高保障标准，确保农民进得来、留得住、能发展、过得好。四是创新考核奖惩机制。把城镇建设工作纳入干部考核和目标管理，与年度政绩考核挂钩，考核结果向社会公布，并作为对县（市）、区和市直有关部门班子实绩考核和干部任用、奖惩的重要依据。通过明确责任、严格奖惩，保证城镇化建设各项工作任务顺利推进、落实到位。

（作者系中共唐山市委书记）

实施城镇面貌三年大变样
加快建设现代化沿海生态城市

陈国鹰

省委七届三次全会提出，全省城市建设要"一年一大步，三年大变样"，特别要求唐山要走在全省前列，尽快建成高品质的省域中心城市和现代化沿海生态城市。三年来，唐山广大干部群众认真贯彻落实省委、省政府城镇面貌三年大变样决策部署和要求，坚持把城市建设作为科学发展示范区和人民群众幸福之都建设的重要内容，作为推进资源型城市转型，加速新型城镇化的龙头工程，作为拉动经济增长，调整产业结构，改善民生的战略举措，深入实施城镇面貌三年大变样攻坚行动，圆满完成"三年大变样"各项目标任务，获得河北省城镇面貌三年大变样"突出贡献奖"，在全省"三年大变样"评比考核中名列第一。三年全市累计完成城镇建设投资超过2000亿元，城市形态发生深刻变化，城市框架迅速拉开，城市功能不断完善，城市品位明显提升，城市环境明显改善，人民群众的幸福感大大提升。可以说，这三年是唐山城建史上投入最多、力度最大的三年，也是唐山城镇建设实现跨越式发展、城镇面貌发生历史性变化的三年。

在推进城镇面貌三年大变样的工作实践中，唐山市围绕加快推进新型城镇化、建设现代化沿海生态宜居城市，确立了以市中心区和唐山湾生态城为双核，推动北部山前城市带、南部临海城市带协调发展的"双核两带"总体思路和空间布局，建立落实了141项生态城市指标体系，启动实施了以唐山湾生态城、南湖生态城、凤凰新城、空港城和环城水系、唐山湾国际旅游岛"四城一河三岛"为重点的城市改造建设，改变了资源型城市的固有形态，使唐山这座传统的资源型工业城市正在加快向生态宜居城市迈进。

一、坚持统一思想，广泛发动，形成推进合力

唐山市委、市政府把加快新型城镇化作为建设科学发展示范区和人民群众幸福之都的重要内容，摆到了前所未有的高度，周密部署，全力推进。市委、市政府主要领导亲自挂帅，成立了城镇面貌三年大变样、创建文明城工作指挥部以及20多个专项工作领导小组，为工作开展提供了强有力的组织保障。为把全市干部群众的思想和行动高度统一到省委、省政府的决策部署上来，三年来唐山市先后召开市四套班子成员参加的"三年大变样"工作动员大会、城建工作动员大会、领导干部大会、创建全国文明城市暨推进"三年大变样"电视电话大会等全市性会议，对"三年大变样"工作9次进行动员和部署。通过层层发动部署，城镇面貌三年大变样在全市上下形成了强烈共识，"白加黑"、"5+2"、重点项目建设"三班倒"成为各级干部的自觉行动和工作常态，全市上下共建美好家园的热情空前高涨。

二、坚持超前规划，不留遗憾，提升城市品位

把科学规划作为城乡建设的第一位任务，成立了市城乡规划委员会，对事关城乡长远发展的重大规划、事关人民群众切身利益的重大项目，做到精心谋划，严格把关。建立健全了规划专家咨询机制，完善规划公开、公示、听证等公众参与制度，引进国际一流的设计机构参与城市规划，充分体现城市规划的前瞻性、先导性和科学性。三年来，市规委会共审批规划和项目261个，每一个项目实施，都严格按照"规划、论证、建设三步走"的思路，确保"三年大变样"有规可依，推进有序。依据城市总体规划，着眼于填补城市功能缺憾，启动建设一大批基础性、功能性项目。南湖生态城的建设，完善了公共空间结构，延续了城市文脉，促进了转型发展；环城水系的开发，初步形成华北水城

的框架;震后危旧平房改造、既有建筑节能改造,事关百姓安居之需、乐业之盼;三女河机场、火车站改造及城市外环、机场连接线、建设路、唐丰路改造等,都是事关百年大计的重大项目,对促进城市长远发展具有重要意义。

三、坚持尊重规律,量力而行,实现滚动发展

唐山市"三年大变样"投入基本上都是用于新的城市功能区开发建设和旧城改造,不仅完善了城市功能,改善了生态环境,而且促进了城市资产增值。坚持"政府引导、市场运作",政府投入前期启动资金,打造环境吸引银行和社会资金投入,提升周边土地价值之后,政府逐步收回前期投入,实现良性滚动发展。南湖生态城和凤凰新城的开发建设,使城市主城区面积新拓展了25平方公里,盘活了城市存量资产,带动了周边100多平方公里区域的开发,周边土地大幅增值。唐山湾生态城在短短一年多的时间内,通过融资滚动发展,起步区已初步形成基本框架;环城水系建设按照市场模式运作,通过改善生态环境,提升周边土地价值,吸引社会投资,形成了环境建设带动土地开发、土地开发促进城市建设、城市建设拉动社会投资的良性循环开发运作模式。

四、坚持以人为本,普惠百姓,改善人居环境

始终遵循"以人为本、和谐为本",使城镇面貌三年大变样成果真正普惠广大人民群众。连续4年开展全市性的献计献策活动,倾听民意、问计于民。每项重大项目实施前,都广泛征求人大代表、政协委员、老干部、群众代表等社会各界的意见,让"三年大变样"成为倾听民意、惠及百姓的过程。作为城市建设和为民办实事"一号工程"的震后危旧平房改造,累计开工1120万平方米、竣工432万平方米,安置居民5.9万户;城中村改造加快推进;既有建筑节能改造及供热计量改造完工1741万平方米,近60万人民群众受益;全面完成保障性安居工程各项任务,住房困难家庭做到应保尽保。加强城市基础设施建设,城市路网进一步优化,供水、污水处理、集中供热等指标达到国内同类城市先进水平,人民群众生产生活条件明显改善。

五、坚持强力攻坚，集中突破，推动工作落实

三年来，围绕破解城镇建设的瓶颈难题，集中时间、全员发动、倒排工期、挂图作战，持续强力开展攻坚行动，实现了"三年大变样"的快速突破。2008年、2009年、2010年连续三年开展"三年大变样"攻坚行动，并列为市委、市政府的工作重点，在重要时间节点和关键时期组织开展各专项行动的百日攻坚、集中攻坚行动，有力地促进了各项工作的扎实开展。注重城乡联动，坚持县城"三年大变样"工作与市区同部署、同推进、同变样，实施攻坚突破，加速了县城扩容改造升级。同时，围绕破解生态环境脆弱的难题，在全市开展了绿化唐山攻坚行动。主城区新增绿化面积达到1000公顷以上，完成造林92万亩，全市森林覆盖率提高4.5个百分点，被授予全国绿化模范城市。

六、坚持健全体制，完善机制，创新工作模式

一是创新城市规划机制。实行规划下管一级，加强统筹协调，统一管理、逐级负责；全面放开规划市场，引进国际一流的设计机构参与城市规划，重点规划和设计全部进行国内外招标，真正做到好中选好、优中择优。二是创新城市投融资机制。坚持政府主导、市场化运作，重新组建了市城市建设投资公司，先后为城市重点项目建设融资168亿元；积极引进战略投资者参与城市建设改造，香港嘉里、新加坡仁恒、澳门恒和以及万科、万达、新华联、绿城等一批知名企业落户唐山，已落地启动项目总投资800多亿元。三是创新工作落实机制。全市建立领导干部分包负责制度，城镇面貌三年大变样重点工程和省百项重点项目均由市四大班子领导分包，明确责任单位和责任人，对照时限和目标要求，一对一协调督导，有力促进了各项重点任务的全面落实。

实践证明，省委、省政府"三年大变样"的决策部署，顺应了全省经济社会发展规律和广大人民群众的意愿。唐山城市面貌日新月异的巨大变化，得到了中央领导和省领导的高度赞扬，得到了广大群众的衷心拥护和广泛支持。

（作者系唐山市人民政府市长）

Tangshan Shi | 037

◎ 唐山的变化吸引了世人的目光

一湾碧水绕城走　城水相依共繁荣

唐山市唐河青龙河开发建设指挥部

　　唐河青龙河开发建设指挥部2008年7月底成立，自2009年3月18日工程正式开工以来，在唐山市委、市政府的正确领导下，紧紧抓住全市实施城镇面貌三年大变样攻坚行动和建设现代化生态城市的有利时机，围绕把环城水系建设成生态景观带、休闲旅游带、文化展示带和产业升级带的总体目标，认真谋划、实施工程建设和项目开发双重艰巨任务，始终发扬"拒绝理由，迎难而上，主动作为，誓争一流"的拼搏精神，圆满实现了（2009年）国庆60周年献礼和（2010年）"五一"前通水通航等各项目标任务，荣获了"河北省城镇面貌三年大变样工作模范集体"等荣誉称号。

　　自开工以来，环城水系工程建设保持了强劲的发展势头，这主要得益于唐山市委、市政府的正确决策，得益于各方面的大力支持，得益于工程管理机制创新和技术创新，得益于全体参建者们抢抓机遇、埋头苦干的拼搏精神，在较短时间内优质高效地实现了环城水系的通水通航，沿岸两侧高标准综合整治，带动周边重要节点和片区的改造开发，打造了"一湾碧水绕城走、城水相依共繁荣"的城市美景，北方水城基本框架已经形成。工程对改善生态环境、推动城市改造、促进发展方式转变和经济结构调整，拉动唐山经济增长具有重大意义，对唐山市的科学发展产生了深远影响。

首先，使唐山市中心城区生态景观蓄水面积达到13平方公里，使水系周边近90平方公里的市民生活在近水和滨水环境，有效增强了防洪排涝功能，改善了城市生态环境，提高了百姓幸福指数。其次，促进了城市转型和经济结构调整。沿河区域通过规划调整，推动退二进三经济结构转型，促进市区工业尤其是高耗能工业企业搬迁100余家。第三，提升了土地价值。通过对河道的景观改造和城市规划调整，90平方公里滨水区域中约45平方公里可进行开发，大幅提升了周边土地价值，完成融资28亿，促进了投资，将拉动我市上千亿经济增长。第四，转变发展方式。环城水系的开发建设增加了大量就业机会，发展了旅游服务等第三产业，创造了良好的经济效益和社会效益，有效促进了发展方式的转变。半年时间共接待各级考察团队300余批次，接待普通游客约12万余人次。

一、创新工作体制，充分发挥"管委会+公司"运作模式的职能和实效

2008年，中共唐山市委常委八届六十次会议正式作出"改造唐河、青龙河，建设环城水系"的决策，并把这项任务作为贯彻落实省委、省政府城镇面貌三年大变样的重点工作，为此成立了唐河青龙河管委会，负责环城水系工程的规划、组织、协调和建设开发工作，并组建唐河青龙河开发建设投资公司，建立"管委会+公司"的管理模式。迅速从全市抽调了水利、土建、规划、城管等具有专业知识和管理经验的干部职工，成立了由一名主任、三名副主任、一名纪检组长为领导班子，下设四个职能处室的唐河青龙河管委会，并在2008年底前组建了唐山唐河青龙河开发建设投资有限责任公司，明确了管委会和公司的职能。

在两年多的实践中，这一创新体制的优势日渐突出，共有三方面优势：一是分工明确的运行机制有效提高了工作效率；管委会作为市政府派出机构，精简高效地发挥职能作用；公司在管委会的领导下建立现代企业法人治理结构，按照现代企业制度规范运作，特别是作为工程建设和融资合作的主体，在完成项目开发融资工作方面发挥了巨大作用。这一体制形成了一套完整的指挥体系

和管理监控体系，保证各项程序规范科学运行，人人职责明确，奖罚到位，工作效率显著提高。二是创新多样的开发模式有力推动了项目运作。针对环城水系开发建设的体制特点，管委会和公司创新理念，多措并举，采取应对市场经济规律和政策的创新举措。在积极争取省、市更多建设用地支持的同时，充分挖掘存量土地潜力，搞好沿河两岸土地修复置换，制定了近、中、远期土地开发方案。唐河、青龙河周边开发已经逐步展开，三片区域综合改造已完成策划方案，项目开发进入前期工作，结合规划局、土地局正在办理相关手续。计划将先期开发的约2000亩土地通过招、拍、挂等方式收储开发，尽快转化为建设资金。三是灵活高效的投融资运作模式破解了资金瓶颈。管委会和投资公司努力借鉴先进地区的经验和做法，有效解决资产和资本金短缺的融资瓶颈。在认真谋划水系周边土地开发的同时，充分发挥了投资公司投融资平台作用，投资主体多元化，积极通过招商引资、国家立项、金融贷款等方式进行工程的资金筹措。积极推行BT、BOT等先进的经营运作模式，实行财政投资建设项目代建制，进一步增强招商的针对性和实效性，共完成了28亿的融资工作，有力保障了工程的按计划实施。

二、创新监控机制，建立重点工程项目"对点专控+结网联控"的防腐保廉长效机制

唐山环城水系工程作为省、市纪委挂牌监督的重点项目，指挥部始终把防腐保廉作为工程组织实施过程的头等大事，积极探索建立重大工程建设项目防腐保廉长效机制。经过一年的实践和努力，初步形成了管委会为主体，各建设、监理、造价、设计单位积极参与的权力运行监控机制建设工作格局，有效保障了环城水系工程的规范、有序、高效实施。不断总结和提炼经验，推进工作创新，建立了唐河青龙河防洪排涝综合整治工作权力运行监控"对点专控+结网联控"模式，得到了市纪委领导的充分肯定，受到市纪委的通报表扬，并被收录到《唐山市权力运行监控模式创新实验成果汇编》，作为经验进行推广。

环城水系工程"对点专控+结网联控"监控模式是针对该项目在征地拆迁、招投标、现场签证、工程变量、工程款拨付等腐败现象易发多发的环节，

按照防范措施到点的原则采取对点专控；在工程建设项目运行的全过程，以综合性防控手段，实现对项目建设的无缝隙全程监控的模式。该模式的特点是实现了对点专控和结网联控的有效结合。

对点专控框架。（1）工程变更签证监控：针对项目隐藏工程多，工程变更签证多的特点，全过程引入跟踪造价审计制度，实行"四方会签、三级管理、三次认证"制度。"四方会签"指建设单位、监理单位、跟踪审计单位、施工单位共同对变更签证进行核实签认。"三级管理"指建设单位按照变更签证金额的不同划分为三级，不同金额由相应级别的主管负责人负责审批。"三次认证"指对签证的施工方案、工程验收、费用确认分三次进行会签。（2）征地拆迁监控：针对拆迁涉及面广、情况复杂、补偿总金额大的特点，实行"两方负责、三步控制"制度。"两方负责"指由业主单位负责确定勘测单位依据工程设计完成现场勘界定位，地方政府负责组织进行现场清点评估、发放补偿、完成拆迁，两方明晰职责、相互配合、共同负责完成此次项工作。"三步控制"指在补偿款的确定和拨付上，先由地方政府出具评估报告，经业主单位领导班子会议审定后预付补偿款，再由地方政府完成补偿款发放和拆迁任务后提交补偿款发放档案资料和补偿协议，经业主单位领导班子会议审定后，签署正式补偿协议，最后依据实际发生的补偿款数额，按照多退少补的原则完成补偿款拨付。（3）工程招投标监控：针对工程项目涉及类型多、招标次数多的特点，实行"三方监督"、完善"三项制度"。"三方监督"指所有招标项目全部统一进入市招投标交易中心进行招标，由市纪委、市发改委、市招标办对招投标进行全程监督。"三项制度"包括公开透明运作制度、工程中介机构确定公开招投标制度、重大事项会审制度。

结网联控框架。按照共性措施全覆盖的原则，以三套综合性防控手段，实现对项目的无缝隙全程监控。以"三机构一派驻"搭建坚实的监控管理架构，成立工程建设指挥部、专项治理工作领导小组、招投标工作领导小组，派驻纪检监察工作负责人。以五项制度（重要事项班子会议通报及集体决策制度、重大事项会审制度、处务会议制度、廉政预警跟踪制度、纪检监察备案制度）形成有效的监控管理机制。以强化教育大力营造廉政氛围，推进"十公开"打造

◎ 九孔云凤桥

唐山
Tangshan Shi | 043

阳光工程、承诺加问责覆盖权力运行全过程三个载体打造完整监控管理链条。

三、创新治理模式，深入推进环城水系河流生态治理科学发展模式试验示范工作

全长57公里的环城水系在科学论证、科学规划的基础上，始终将科学生态理念贯穿于环城水系建设中。一是充分利用和整合了我市的自然资源，将唐河上游流经市区的水体、污水处理后的中水、雨水收集及工矿企业的排干水充分利用起来，发挥更大的作用；二是通过关停河道排污口的手段，严防污水排入，共关停排污口27个，其中唐河所有排污口已全部封闭并入市政排污系统，有效地控制了污水排放量，水质得到显著提升，城市生态环境得到明显改观；三是河底全部清淤，并铺设膨润土复合防渗毯，生态环保，有效解决了河水渗漏，并保证河流生态发展不受影响；四是雨水收集系统被融入沿河绿地设计中，河岸硬质地面采用生态透水砖铺装，雨水可以迅速透过地表渗入地下，通过收集装置流入环城水系，成为水源的有效补充；五是唐河上下游驳岸采用软质驳岸设计，突出自然生态，增设蓄水湖，保护朴实无华的野趣，而城市段采用软质驳岸与硬质驳岸结合，营造多层次的景观滨水步道和亲水平台，满足人们的亲水需求；六是让桥梁、闸坝等的交通功能与景观标志物功能完美结合，最终形成功能齐全、景色怡人的水、路、桥、坝、驳岸、绿地完整水系，最大限度加大绿化美化面积，截至目前，水系绿化面积已达90公顷，对改善城市生态环境、净化空气、降低污染、完善城市景观起到了积极推动作用。

指挥部在深入推进坏城水系河流生态治理科学发展模式试验示范工作实践中，围绕把环城水系建设成"四带"的总体目标，结合实际、精心谋划、主动作为，坚持科学论证，严格实施，以工程带动效益，坚持体制创新、制度支持，确保工作顺利开展。在实现环城水系生态效益的同时，着力推进社会效益、经济效益和文化效益的提升，实现了环城水系工程综合效益最大化。

邯郸
HANDAN

◎ 好风凭借力　建设新邯郸
◎ 统筹城乡互动发展　建设区域中心城市
◎ 以更大的魄力更高的标准落实"三年上水平、邯郸要先行"的要求
◎ "刘家场速度"是如何创造的

好风凭借力　建设新邯郸

中共邯郸市委　邯郸市人民政府

三年来，邯郸市认真贯彻落实省委、省政府的一系列决策部署，深刻学习领会张云川书记和陈全国省长关于"三年大变样"的精辟论述和讲话精神，紧紧围绕"五项基本目标"和现代城市的"六个基本特点"，把"三年大变样"作为保增长、调结构、扩内需、转方式的强大引擎，作为改善群众居住条件、提高居民生活水平最大的民生工程，作为提升城市影响力、承载力、辐射力、竞争力的重大举措，举全市之力，大打总体战、攻坚战、歼灭战。

2008年，邯郸市荣获全省"燕赵杯"金奖第一名；2009年，在全省评估中进入优秀行列；2010年，全省城市容貌整治与景观建设攻坚行动、数字规划、数字城管和交通管理等现场会相继在邯郸市召开，介绍推广邯郸经验，《人民日报》、《河北日报》、河北电视台等中央、省级主流媒体，集中宣传邯郸市的经验和做法；2008-2009年，连续两年被省政府评为"住房保障先进城市"，2009年代表全省接受了全国人大住房保障督查和国家审计署廉租住房专项检查，受到高度评价，2010年7月和9月，邯郸市保障性住房建设分别在全国和全省介绍了经验。2010年8月6日《人民日报》头版头条刊发长篇通讯《河北，新起点上再出发》，文中对邯郸推动"三年大变样"工作予以充分肯定。在三年总考核中，邯郸市荣获全省三年大变样"突出贡献奖"；魏县、武安两县

（市）荣获"先进县（市）"奖。在全省首次评选的"三个十佳"和十个"人居环境范例奖"项目中，邯郸市获奖项目均占两个以上。邱县、临漳、魏县和涉县四县进入省级"园林城市"行列。城市的影响力、承载力、辐射力和竞争力显著增强。

拆迁改造规模空前。三年累计完成拆迁3377万平方米，完成百亩以上成区片拆迁40余片。其中，主城区完成1782.7万平方米，占建成区面积的16%。仅2010年，全市就完成拆迁1723万平方米，占三年总量的51%。拆迁总量居全省第一。

城市建设快速推进。累计完成城镇建设投资1552.27亿元。其中，2010年完成770.27亿元，占三年投资总量的近50%；省下达的70亿元市政基础设施投资任务，邯郸市实际完成317亿元，超省定目标4倍。新建改造城市道路40条，整治小街巷105条，市区人均道路面积达到19.58平方米，是省定任务的1.5倍。30项重点建筑工程、27项景观节点和25项重大基础设施建设，均已完成年度任务目标，城市承载力显著提高。

居住条件大幅改善。三年来，共启动城中村改造43个、完成40个，圆满完成省定任务目标；拆迁改造城市棚户区356.28万平方米，是省定任务的3.75倍；完成3万平方米以上旧小区改善215.8万平方米，创建示范小区10个，分别是省定任务的1.66倍、5倍；累计住房保障总户数为78406户，实现了应保尽保。

环境质量明显提升。城市生活垃圾处理率、工业固体废物处置利用率分别达到100%、94.38%，超省定目标30和14.38个百分点。城市中心区25家重污染企业停产、搬迁改造工作全部完成。两场（厂）建设提前一年完成任务。空气质量二级以上天数达到326天，提前超额完成省定目标。

城市特色初步彰显。丛台广场建成开放，文化艺术中心等标志性工程进展迅速，火车站周边、商业步行街等节点改造初见成效，城市水系建设加快推进，引黄入邯工程竣工通水；既有建筑包装改造2185栋，楼宇亮化381栋。建成区绿地率、绿化覆盖率、人均公园绿地面积达到43.3%、47.2%和19.6平方米，分别超省定目标6.3个百分点、5.2个百分点和7.6平方米，现代城市魅力更加凸显。

◎ 现代气息新城区

邯郸
Handan Shi

主要做了以下几个方面工作：

一、在解放思想中凝聚共识，形成"三年大变样"的攻坚合力

三年来，邯郸市委、市政府始终坚持把解放思想作为抓好"三年大变样"工作的"总阀门"，先后组织有关部门和县（市、区）赴长沙、南京、郑州、扬州等十几个城市学习考察，开阔眼界，启迪思维。在思想认识不断深化的过程中，深切感受到，"三年大变样"不是一个单纯的城市建设问题，更是事关经济社会发展全局的问题；不是简单的拆旧建新、拆低建高的小问题，而是统筹城乡、协调发展的大战略，更加坚定了强力推进"三年大变样"的信心和决心。特别是在决战之年，以自我加压、背水一战的决心和勇气，响亮提出"三年大变样、今年看邯郸"，努力在全省城镇化进程中创造邯郸效率和邯郸模

◎ 迎宾道

式。成为全市上下形成共识、振奋精神、凝聚力量的目标和方向。省委、省政府领导都对邯郸市"今年看邯郸"的做法,给予充分肯定。张云川书记批示:"邯郸的做法是任务明确,态度坚决,求真务实。"陈全国省长批示:"邯郸三年大变样的做法很有其他市借鉴的意义,值得推广。"

工作中,坚持实打实、硬碰硬、真较真,彻底改变过去靠会议落实会议、以文件落实文件,一般化、平面推的做法。正月初七一上班,就拿出近一个月的时间,集中精力召开由市委、市政府和市三年大变样指挥部领导出席,各县(市、区)和市直有关部门党政主要领导、主管领导参加的"过堂会",做到开门讲工作,当面谈问题,现场定政策,当即明责任,迅速抓落实。通过逐一"过堂",进一步理清了思路,调增了任务,鼓舞了士气,压死了责任。共整理出土地收储、规划修编等方面170余条问题和建议,形成了26期会议纪要,出台了推进"三年大变样"主官负责、限期办结、司法保障、一票否决等十项规定,在全市掀起了"三年大变样"的新高潮。

同时,在市级层面,进一步调整充实了"三年大变样"工作指挥部成员,增列市纪委书记、市委组织部长和市人大、政府、政协等有关领导为成员,形成更加高效有序的指挥体系。制定了市四套班子领导分包重点项目责任制,赋予分包领导工作推进指挥权、项目推进决策权、项目资金调剂权、干部使用建议权、年度考核奖惩权,做到一个项目、一个领导、一套班子、一抓到底。组成由市委、市政府督查室和市纪检委、市委组织部、市发改委等18个部门参加的重点工作督查组,采取多种形式,深入基层工地,一线真督实查,推进工作落实。市委、市政府主要领导始终坚持现场指挥、一线作战、敢抓敢管,从不议而不决,从不回避矛盾,全市形成了雷厉风行、势如破竹、所向披靡的攻坚态势。有力推进了工作的顺利开展。在县(市、区)及部门层面,对成绩突出的大张旗鼓地表彰奖励,对工作不力、成效较差,在全省和全市排名倒数的,年终考核一票否决,并追究责任,严肃处理。针对部门间配合容易脱节问题,实行协调联动记录备查制,哪个环节出了问题、耽误了工作,就严格问责,决不姑息。在项目业主层面,实行信誉登记,接受社会监督。对信誉不佳的开发商记入黑名单,公开曝光。通过一系列行之有效的制度,有效保证了各项重点任务的落实。

二、在深入推进中完善思路，找准"三年大变样"的发展路径

三年来，邯郸市从城镇化阶段性特征出发，根据不断发展变化的新形势、新要求，在每个阶段、各个时期都审时度势，不断创新工作思路。

在总体思路上，提出并大力实施了城镇化建设"六大战略"，即"拉开大框架"，把主城区周边的邯郸县、永年县、肥乡县、成安县、磁县、峰峰矿区6个县（区）纳入中心城市，实施同城化管理、一体化推进的"1+6"发展模式。到2020年，中心城市的面积达到3854平方公里，人口规模达到525万，城镇化率达到80%。"推进大变样"，就是推进城镇面貌三年大变样。"深化大改革"，实施规划设计、城建投融资、住房保障、城市管理和户籍制度等项改革，为城镇化发展注入强劲动力。"构建大交通"，建设三纵（京港澳扩建、大广和规划的邢峰高速）两横（青兰、邯大）一环（借助青兰和京港澳扩建构建高速外环）高速公路网，加快构建集高速公路、铁路、航空及城市快速通道"四位一体"的立体化交通网络。"发展大产业"，充分发挥中心城区产业核心支撑作用，着力发展现代物流、高新技术、金融、文化旅游等新兴产业，推进产城融合。"实施大战略"，把小城镇建设作为大战略，按照统筹城乡的原则，做大武安、涉县两个次中心城市，培育东部两个次中心城市，把16个省市重点镇建设成为示范镇，发挥小城镇吸纳农村剩余劳动力、增加农民收入和聚集产业的作用，加快城乡一体化进程。

围绕实施"六大战略"，在总体要求上，做到认识、领导、政策、资金、宣传、工作、保障七个到位。在规划设计上，做到总规超前，预留发展空间；控规科学合理、可持续；专项规划有衔接、无缝隙；建设规划要同步，充分发挥规划的龙头作用。在开放市场上，做到面向全省、全国、全世界，全面开放规划、开发、建设和投资市场。同时，根据工作不同阶段的特点，又提出了"十个必须"（必须进一步解放思想、坚定完成任务信心、推进全方位开放、提升城市规划水平、加大拆迁和建设力度、加强城市管理、彰显城市特色品位、破解瓶颈制约、强化领导分包责任制、加大考核奖惩力度）、"两加一提

高"（加大工作力度、加快建设速度、提高城市品位）的工作要求，进一步强化了各级干部的发展意识、机遇意识、责任意识和交账意识。这些思路目标成为邯郸市城镇面貌三年大变样的重要引领和具体实践。

三、在强化举措中争创一流，突破"三年大变样"的重点环节

面对城镇化千头万绪的工作，邯郸市始终注重突出重点部位，抓住关键环节，带动盘活全局。

（一）抓龙头，发挥规划引领作用

高度重视以高品质的规划设计引领城市建设与发展。一是完善规划体系。深入实施城乡规划年活动，高标准编制邯郸市第四期城市总体规划，已获国务院批准。完成了《中心城市空间发展战略规划》、《中心城区控制性详细规划》等城乡规划，编制了生态园林、公共交通、防洪排沥、建筑特色和色彩、产业发展等专项规划，形成了覆盖城乡的规划体系。二是提升规划水平。放开规划市场，对重点建设工程、项目进行全国招标，先后聘请德国LARS公司、美国劳伦斯集团公司、香港贝铭建筑设计有限公司和清华大学、天津大学等国际、国内知名规划设计单位，参与邯郸市规划设计编制，增强了规划的科学性、前瞻性。三是加强规划管理。高标准建设了5721平方米的城市规划展馆，充分展示城市发展美好蓝图。坚持规划事项一律经规委会研究，成熟一个研究一个，三年共召开规委会10次，研究具体事宜184项。强化规划执法，坚决杜绝以任何理由破坏城市规划的现象和行为，有效维护了城市规划的执行刚性。2010年10月15日，全省数字规划建设现场会在邯郸市召开。

（二）抓拆迁，腾出城市发展空间

把拆迁作为推进城镇面貌大变样的前提和基础，坚持以拆为先，大力推动由单片、分散拆迁，向集中连片的区域性拆迁转变，不断掀起拆迁攻坚热潮。特别是面对一批历史性拆迁难题，迎难而上，啃硬骨头，先后创造了4天拆迁8万平方米的"耒马台速度"、14天拆迁11万平米的"汉霸庄速度"、10天搬迁324户的"刘家场速度"。占地5874亩的五仓区实现了当年拆迁、当年挂牌、当年建设，成为全省最大的单体连片拆迁净地。目前，开发建设进展迅速，2-3

054 | 精彩蜕变

◎ 文化艺术中心

年内可建成集商务、文化、娱乐、休闲于一体的现代化赵都新城。这几年城市拆迁的规模、力度和成效，在邯郸城建史上绝无仅有，解决了一大批多年想干没有干成的"老大难"，具有划时代和里程碑式的意义。在拆迁中，尤其注重以人为本，通过依法拆迁、和谐拆迁、有情拆迁、阳光拆迁、精细拆迁，真正让人民群众在拆迁中得到实惠。如楼房按1:1补偿，平房按1:1.6补偿，货币补偿，每平方米基本补偿5000元左右，加上装修的补贴、奖励资金，每平方米实得补偿在6000元以上。群众拆了旧房不仅可以买到一套新房，还可能有几十万元的存款。拆迁真正做到了补偿到位，工作到位，服务到位，特别是在主城区可以说是拆迁一户，致富一家，造福一地，稳定一方，深受群众拥护。

（三）抓建设，全力打造精品工程

在推进拆迁的基础上，邯郸市以大建设促进"大变样"，以精品工程塑造经典城市。重点抓了三个方面：一是着力推进事关长远的基础设施建设。青兰高速架起了东出西联的纽带，邯黄铁路打通了最近的出海口，邯长邯济铁路扩能改造打开了晋东南与山东的大通道，石武客运专线将北京到邯郸的时空距离缩短到90分钟，邯郸机场将升级国内支线枢纽机场，一个立体化的综合交通网络正在形成。推进中华大街南北延、人民路东西延、邯武快速路等主城区路网建设，实施主次干道及小街巷综合改造工程，进一步提升了城市承载保障功能。二是着力推进提升形象的标志性工程建设。按照"无处不精心、无处不精细、无处不精美、无处不精彩"的标准，瞄准国际前沿、国内一流，全面启动东部新区、丛台新城、北部新区、两湖新区等重点区域建设，特别是积极推进丛台广场、传媒大厦、义商国际、南北环道路改造和商业步行街等一批地标建筑的建设，实施了体育中心、游泳训练中心等重点项目，通过一大批精品工程提升邯郸"变"的幅度和品位。三是着力推进彰显魅力的城市景观建设。把城市文化和生态作为体现特色的两大突破口，着眼文化与建筑的有机融合，总投资12亿元的邯郸文化艺术中心项目，是邯郸历史上投资最大的文化基础设施项目，也是全省"三年大变样"最大的单体项目，融博物馆、图书馆、大剧院为一体，将成为邯郸人文景观的城市地标。占地约8200亩的赵王城遗址公园一期工程已完工。投资5.5亿元、占地120亩的传媒中心项目也即将开工建设。同时，正在加快建设邯郸十大文化名人、十大文化脉系浮雕，重建邯郸成语典故苑，打造邯郸文化一条街、滏阳河特色文化带、文化主题公园等，不断提升城市文化品位。在生态建设上，着力做好水系和绿化文章，发挥邯郸"五河绕城"的优势，正在打造独具魅力的滨河休闲景观带，全面启动南湖、北湖景区二期建设，大力推进公园绿地、道路绿化、庭院绿化和拆墙透绿，构建立体化绿网格局，"赵都+水系+绿网"的城市特色更加突出。

（四）抓民生，全面改善居住条件

着眼把邯郸建成宜居之城、幸福之城，在圆满完成城中村改造、棚户区改建、旧小区改善的省定目标基础上，全力建好回迁房。三年以来，邯郸市累计开工建设回迁房21105套，竣工10562套，已安置9130户，保障了让每一位被拆迁群众都能得到妥善安置、及时回迁。高度重视低收入群体的住房问题，对廉租住房、经济适用住房、公共租赁住房等保障性住房建设，切实做到工作摆位、政策支持、资金保障、土地供给、后期管理"五个优先"，特别是坚持开辟以政府投资为主导的多元融资渠道，累计争取中央、省补助资金1.5亿元，落实地方配套资金4.5亿元。并明确要求项目业主与建设部门签订协议，公开承诺投资强度、建设时间、工期进度等，凡兑现不了承诺的，实行"黑名单"制度，有效保证了工期和质量。截至2010年10月底，邯郸市各项住房保障工作目标均已提前超额完成。提前一年实现了廉租住房和经济适用住房保障条件并轨，主城区人均住房建筑面积15平方米以下的城市低收入家庭，可自主选择廉租住房或经济适用住房保障，较好地实现了应保尽保。

（五）抓管理，着力改善城市形象

坚持建管并重，按照"重心下移、分级负责、费随事转、责权统一、便于指挥、监督有力"原则，将10个方面事权调整下放，实施属地化管理、综合执法，形成了较为完善的"两级政府、三级管理、四级落实"市容环卫管理体制。尤其是实施数字化城管，建成了全省功能最多、标准最高、规模最大的数字化城市管理系统，做到了纵向到底，横向到边，全覆盖，无遗漏，实现了由管理的粗放性向精细化转变，由执法的随意性向制度化转变，由工作的突击性向日常化转变。2010年11月9日，全省设区市数字化城管系统正式运行启动仪式在邯郸市举行。集中力量对城市重要节点和区域实施综合改造，深入开展了街道综合整治、既有建筑包装、广告牌匾规范、夜景亮化建设、城市家具提升五个专项战役，集中规划、建设一批高标准的城市公交站亭、报刊亭、电话亭等城市家具，满足了群众需要，方便了群众生活，城市容貌更加靓丽。实施总量和项目双目标控制、"双百+否决"、"拔除烟囱、净化蓝天"等措施，城市空气和水环境明显改善。

（六）抓支撑，培育城市产业体系

邯郸市委、市政府深刻认识到，产业是兴城之本，没有产业支撑，没有生产要素的流动和集聚，城市发展就是无源之水、无本之木。为此，坚持"企业集中布局、产业聚群发展、资源集约利用、功能集合构建"的原则，依托中心城市和县城建设，着眼打造一批对中心城市建设、县域经济发展起快速拉动作用产业聚集区，制定出台了市委、市政府《关于推进主导产业倍增计划的指导意见》、《关于优化产业布局推进产业聚集区建设的指导意见》、《关于加快工业聚集区建设发展的实施意见》等一系列政策措施，通过政府推动，政策引导，市场运作，规范管理，加快了城市产业聚集发展步伐。中心城区现代物流、高新技术、金融服务等新兴产业发展迅速，成为吸纳资金、技术、人才的核心区域。中心城区周边各县侧重发展特色产业，在东西南北四个方向形成了冀南新区、漳河生态科技园区、邯郸经济开发区、邯钢工业区、广府生态文化园区等五大产业聚集区。特别是邯郸冀南新区已上升到省级发展战略层面，目前共引进项目150个，总投资1247亿元，以产兴城，以城带产，产城同融的格局已经形成。

四、在改革创新中解决难题，破解"三年大变样"的瓶颈制约

仅依靠财政资金搞城市建设，根本无法满足需求，必须依托资源，依靠市场，创新工作举措，破解发展难题。工作中，一是全面开放城建市场。着眼提高城市建设速度和品位，强化招商引资，创新招商方式，坚持"三个面向、四个开放"，先后在北京、石家庄、香港、上海举办了大规模的城建项目招商活动，引进了北京城建、中国建筑等一批战略投资者参与城市建设。在2010年廊

坊城博会上，又荣获最佳展示奖第一名和总成绩第一名，为进一步开展好城建招商奠定了基础。二是大力优化投融资平台。在积极争取金融机构支持、增加信贷规模的同时，通过实施政府资源资产化、公共资产资本化、市政设施市场化，建立完善了城投、建投、水投、交投、汉正五大投融资平台，实行"决策+监督+平台"的模式，三年来共融资448亿元，创出全国推广的"邯郸样本"。同时，对城市重大基础设施建设，实施市场化运作，对西环路改造、南北湖工程等总投资192.4亿元的26个项目，积极探索采用BT、BOT等模式，推动城市资源向资本转化。三是积极盘活土地资源。土地是城市建设的有效资源。坚持用足用好土地政策，做到"四加快、一严格"，即快收、快储、快卖、快供和严格执法。积极争取国家和省预留计划指标，盘活存量土地，提高用地效率，加大土地储备力度，对"1+6"中心城市所有土地资源实行统一、集中管控。特别是加大土地执法力度，针对乱圈、乱占等违法行为，态度坚决，严肃处理。依法解决了44宗批而未供土地遗留问题，并对7宗长期闲置的土地予以收回。同时，把新民居周转用地先占后补等有利政策与城市建设有力结合起来，加快土地流转步伐，三年收储土地7600余亩，有力保障了城市建设的需要。牢固树立经营城市的理念，对于重大项目建设，实行统一规划、统一拆迁、统一出让，完善基础设施，优化开发环境，将"生"地养"熟"，推行净地出让，破解项目用地难题，获取最大收益，用于城市建设滚动发展，为城市建设提供了充足的资金保障。

统筹城乡互动发展　建设区域中心城市

郭大建

加快推进城镇化是省委、省政府立足实际，作出的一项具有全局性和战略性的重大决策。我们把"三年大变样"作为难得的历史机遇，作为重要的工作抓手，作为最大的民生工程，作为统筹城乡、区域发展的举措，作为强大的发展引擎，作为生动的实践课堂。邯郸城镇面貌三年大变样的工作实践让我们真切地感受到，"三年大变样"取得的成果、产生的影响和意义已经远远超过了这项工作本身。

"三年大变样"的工作实践，也让我们深切地体会到，只有坚持解放思想与科学求实相结合，一切从邯郸的实际出发，大胆突破思想桎梏和体制机制障碍，才能激发推动工作的源头活力；只有坚持加强领导与发动群众相结合，发挥群众主体作用，调动起全社会的主动性和创造性，才能凝聚起强大的发展合力；只有坚持政府主导与市场运作相结合，积极探索市场运作模式，走出一条开放开发的新路子，才能激发推进城镇化的内在动力；只有坚持城市建设与产业发展相融合，统筹考虑城镇改造建设与优化生产力布局、调整产业结构，才能实现城镇化与工业化相得益彰、相互促进。

"三年大变样"的工作实践，更让我们深刻地认识到，加快城镇化是实现现代化的必由之路，是一项长期的战略任务。虽然第一个三年成果丰硕，但还

◎ 邯武大桥

邯 Handan Shi

只是整治性、"补课性"的,一定要克服满足思想和厌战情绪,按照城镇建设三年上水平、城镇发展三年出品位的思路,坚定不移、坚持不懈地把这项工作推向深入;城镇建设涵盖经济、政治、文化、生态、社会建设各个方面,与全市改革发展稳定大局息息相关,一定要增强大局意识、战略意识和统筹意识,把"三年上水平"放在"十二五"的大背景下去摆位,与加快发展、加速转型的双重任务相结合,整体布局、科学安排、有序推进;城镇改造建设的根本目的是让人民群众生活更幸福、居住更舒适,一定要坚持把保障和改善民生放在首要位置,着力打造"民生城建",最大限度地让利于民,深入细致地做好群众工作,激发全社会参与城镇建设的活力和热情;邯郸要建设区域中心城市、实现"邯郸要先行",一定要进一步解放思想、拓宽视野,敢于对标最美的城市、敢于突破固有的局限,带着强烈的责任意识、精品意识和效率意识,抓好城镇建设的各项工作,使每个工程项目都经得起历史的检验和群众的评判。

基于上述考虑,未来三年,邯郸上水平工作,总的思路是"158","1"就是紧紧围绕建设区域中心城市目标。"5"就是实现五大指标,三年完成城建投资4000亿元以上,完成主城区拆迁1200万平方米以上,城镇化率达到52%以上,中心城区建成区面积达到150平方公里,人口规模达到160万以上,进一步把邯郸建设成为历史与现代辉映、产业与城市共融、文化与绿化彰显、城镇与农村互动、影响与美誉俱增的实力之城、魅力之城、幸福之城。"8"就是必须抓实"八新"举措。

1. 必须全面实施大城市战略,加快构筑"1+6"组团城市新格局。依托业已形成的"1+6"中心城市框架,通过推进"三化"真正实现组团发展。一是空间连接同城化。着眼发挥中心城区的龙头带动作用,主城区东部打造现代服务核极,西部加强生态环境治理,促进经济隆起,南部打造现代装备制造业和现代物流基地,北部建设大型滨水休闲和生态宜居之都。通过调整优化相关县(区)的行政区布局,启动"环城+轻轨"、主城区二环路等项目建设,进一步缩短主城区与各组团县的空间距离。二是基础设施网络化。本着"城区一体、资源共享、先易后难、逐步实施"的原则,加快推进主城区基础设施向周边延伸覆盖,实现主城区到6个组团县的公交、供热、供气一体化。三是公共服务均等化。着力打破区域、城乡的限制，对公共服务设施进行统筹规划、布局优化，促进住房保障、创业就业、教育就学、医疗卫生和社会保障等资源的联动共享，真正让广大群众共享城市发展的文明成果。

2. 必须更加注重塑造风貌特色，彰显赵都古城新魅力。"三年上水平"必须在打造城市特色、塑造城市魅力上下功夫。一是展现文化魅力。把邯郸独特的文化元素融入到城市规划建设的方方面面，尤其是围绕武灵丛台这一古城邯郸的标志，整体开发周边区域，彰显古城特色、传承历史文脉。各县（市、区）也应依托本地历史资源禀赋，加快建设兰陵王纪念馆等9大展馆，提升县城建设品位和文化特色，让邯郸真正成为一座可听、可看、可品、可游的历史文化名城。二是展现生态魅力。着眼打造城市"大水系"，建设"四湖"、整治"五河"、提升"一淀"，形成都市区4.5万亩、中心城区2.25万亩的循环生态水系。着力做大"绿"的文章，以"两环"、"九线"、"十园"绿化为重点，加快建设"森林邯郸"，跻身国家生态园林城市，让人们在亲水亲绿的环境中享受城市生活的美好。三是展现现代魅力。重点扮靓火车站、高铁东站"两大窗口"，打造文化艺术中心、体育中心、传媒中心、科技中心"四大地标"，改造提升京广铁路沿线、沉陷区治理等"十大区片"，精心建设南北出市口、会展中心、文化宫等"十大节点"，进一步塑造城市品牌，提升城市形象。

3. 必须着眼于提升内涵、增强综合承载力，进一步完善城市新功能。从建设区域中心城市的功能定位出发，科学规划、加快建设城市基础设施。一是开发"四大新区"。中央商务区建设百栋百米以上高层建筑，大力发展高端服务业，培育总部经济；商业步行街区投资建成全省最大的商业综合体；化工整治区建成大型生态园林景观区；滨河景观区打造重要节点水系景观。二是推进"六大新城"。总投资600亿元，加快建设东部新城、赵都新城、南湖新城、梦都新城、丛台新城和北部新城。三是提升道路通行能力。投资30多亿元新建103条城市道路，启动建设主城区4座立交桥，打通邯大高速第二条出海通道，构建"三纵两横一环"高速公路网；全面完成机场扩建和石武高铁、邯黄铁路、邯长复线等重点工程，构筑立体化大交通格局。四是完善公共服务设施。完善城

◎ 龙湖公园

市供排水、供气、供热管网及配套设施建设，新增供热面积600万平方米，公共服务水平显著提高。

4. 必须坚持产城互动、融合发展，加快聚集新产业。协调推进城镇化与工业化，把做城市的过程变成聚集优质产业、聚集先进要素、聚集优秀人才的过程。一是结合城市功能分区，进一步优化生产力布局，加快冀南新区等"1+4"产业聚集区建设，为要素聚集搭建平台。特别是通过三至五年，把冀南新区建成继曹妃甸、渤海新区之后的全省第三增长极、四省交界区最大的现代物流枢纽和全国重要的现代装备研发制造基地。二是着眼增强城市核心竞争力，大力引进战略投资，加快企业战略重组，强力推进美的、恒天、哈克、陆港物流等重大项目建设，打造"6+6"超千亿元产业企业。三是落实《人才规划纲要》，推进人才政策和体制机制创新，大力培养、引进各类高端人才和实用人才，积极营造创新、创造、创优的社会氛围。

5. 必须保障和改善民生，让广大居民过上美好幸福新生活。进一步加大民生工作力度，三年安排500亿元，用于均衡教育、医疗卫生、社会保障等，让群众共享改革发展成果。一是继续深入推进旧城改造。完成3000平方米以上集中成片棚户区以及环路内和2013年建设用地范围内的城中村改造任务，从根本上改善城市环境，提高人民生活质量。二是着力构建数字化住房保障体系。三年新开工9.1万套保障性住房，确保人均15平方米以下低收入住房困难家庭实现应保尽保。三是加快建设各类公共服务设施。优化城市公共服务设施布局，启动建设游泳训练中心、市中心医院东区等11项科技、文体、医疗项目，新建和扩建16所初高中，规划建设44所小学和幼儿园，高标准建设一批小游园、小超市等便民服务设施，使城市更加宜居，生活更加方便。

6. 必须着力完善体制机制，推动城市管理再上新水平。各县（市、区）全部建成数字化管理系统，实现城市管理网格化、标准化、现代化。全面建立起以市级为主导、区级为主体、街道为基础的城市管理运营体制。推进管理重心下移，将城市管理的部分权限调整到区。理顺主城区"三区一县"户籍管理体制，逐步放宽城镇落户条件。下大力抓好市容市貌整治，全力打造整洁美观、安全有序、文明和谐的现代化新城。

7. 必须坚持城乡统筹发展，加快建设社会主义示范性新农村。推进城镇化与新农村建设良性互动、统筹发展，是"三年上水平"的内在要求。一是坚持以中央和省领导对我市新农村建设的重要批示为动力，积极争取全国新农村建设改革实验区。二是在巩固提升330个示范村建设成果的基础上，三年建设810个新民居示范村和20个城郊生态型特色镇。三是坚持农民居住方式与生产方式转变相匹配，探索"以工哺农"新形式，走出一条尊重群众意愿、符合邯郸实际、统筹城乡发展的新路子。

8. 必须以提升市民素质为重点，着力培育现代城市新风尚。围绕率先建成文化强市、率先建成全国文明城市"两个率先"的目标，大力发展公益性文化事业和经营性文化产业。通过组织开展"我爱邯郸"主题教育、评选"好家庭、好市民"、"欢乐乡村"、"邯郸红歌汇"等活动，不断丰富群众性文化生活，提升全市人民的文明素质水平，进一步在全市培树健康向上的文化风尚。

（作者系中共邯郸市委书记）

◎ 街头绿地

以更大的魄力更高的标准
落实"三年上水平、邯郸要先行"的要求

郑雪碧

推进"三年大变样"、加速城镇化进程，是省委、省政府立足河北实际，作出的一项战略性决策，是对河北经济社会发展的历史性贡献。三年来，邯郸市认真贯彻落实省委、省政府的一系列决策部署，举全市之力，大打总体战、攻坚战、歼灭战，以决战必胜的姿态强力推进城市建设，各项工作取得丰硕成果，城镇面貌发生显著变化，基础设施、承载能力、形象品位跃上新台阶，荣获全省"三年大变样突出贡献奖"。

立足新起点，按照省委、省政府提出的"三个三年"的要求，邯郸市着眼早，立足干，追求实，在全省率先启动了"三年上水平"工作，响亮提出了"三年上水平、邯郸要先行"的更高目标。这既是省委、省政府对邯郸市的殷切希望，也是邯郸城市建设和发展的内在要求。

一、坚持以解放思想带动邯郸先行

思想有多远，就能走多远；思想解放程度有多深，推进落实的力度就有多大。"三年大变样"是推进城镇面貌变化的伟大实践，更是一场深刻的思想变

治理后的洙阳河

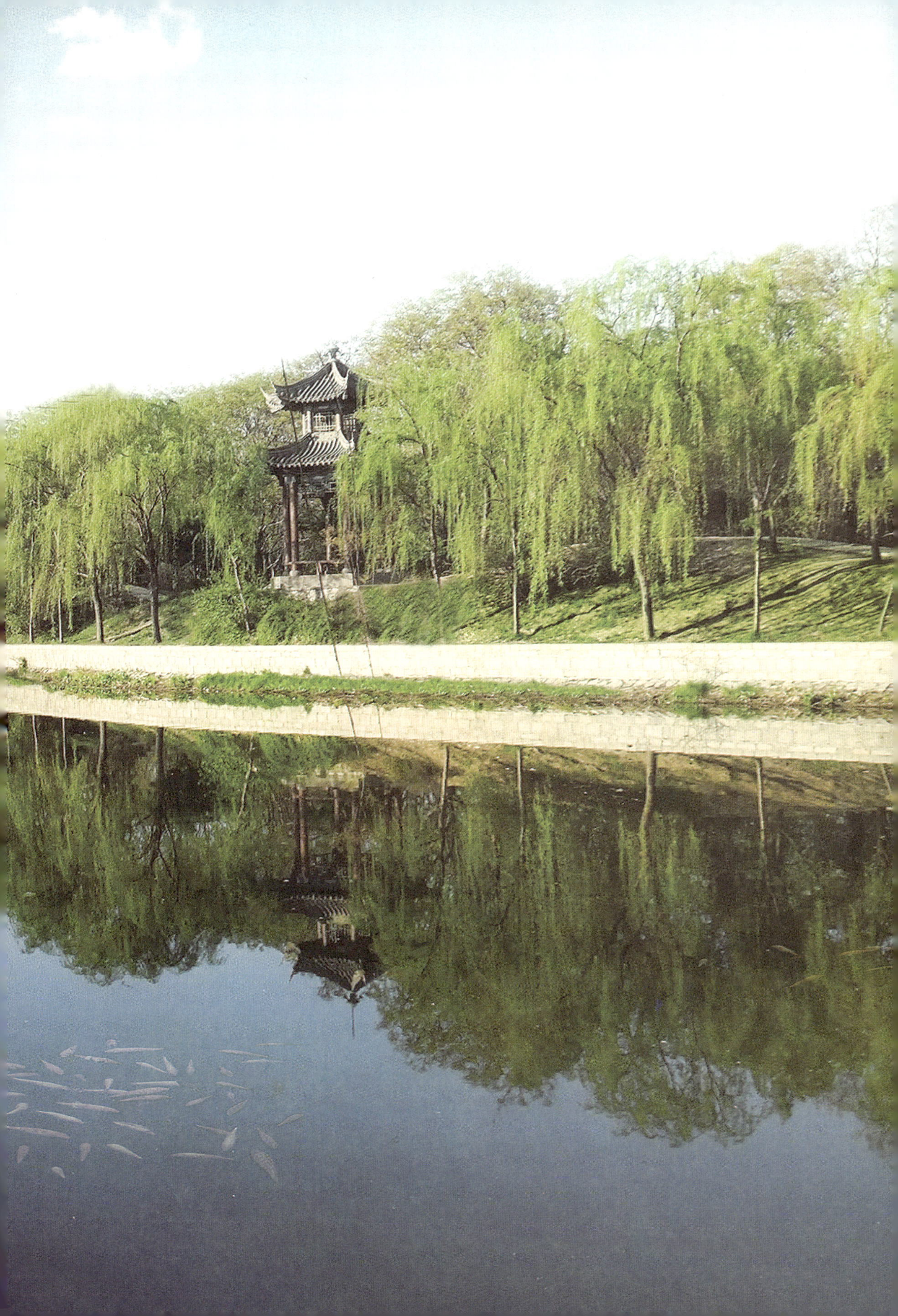

革。邯郸之所以走在全省前列，根本在于打开了解放思想的总阀门。实现"三年上水平、邯郸要先行"的更高要求，仍需进一步解放思想，开拓视野，打开思路。推进"三年上水平"，是优化发展环境、促进对外开放、提升招商引资成效的重要载体，是完善公共设施、改善人居环境、让城乡居民共享改革发展成果的有力抓手，是全面实现打造冀中南重要经济增长极、建设区域中心城市战略目标的内在要求。围绕市委、市政府"158"总体思路，敢于突破"不可能"的思想禁锢，冲破各种不适应城市大建设大发展的惯性思维，以思想的不断解放推进城镇建设水平的不断提升。特别是要做到思想先人一步，思路胜人一筹，办法高人一招，善于吃透政策、用足政策、争取政策倾斜，更多采取多向的思维、市场的办法、经济的手段来解难题，破瓶颈，拓展发展空间。

二、坚持以科学规划引领邯郸先行

规划是城市建设的龙头，具有基础性、先导性和根本性作用。科学规划重投入。规划是生产力，也是竞争力。在现有基础上，进一步开放规划设计市场，不惜本钱，邀请国内外一流专家，按照国际大都市的标准编制各类规划，全面提升城乡建设规划水平。科学规划重统筹。充分考虑宜居、宜业、宜商、宜学、宜游等因素，统筹编制规划。特别是与"十二五"规划、"3+3+3"产业发展规划、城乡一体化、新一轮土地利用总体规划以及铁路、高速等重大基础设施建设项目衔接起来，切实增强规划的前瞻性、统筹性和科学性，真正做到"百年规划、百年负责、百年不落后"。科学规划重特色。特色代表着城市的个性和品位。在城市规划建设中，注重挖掘、延续、放大邯郸太极文化、成语典故文化、梦文化等的历史文脉，通过城市规划、单体建筑物设计，充分体现出来，变成城市元素和符号，彰显城市的个性，提升城市的品位，努力使城市成为一种传承百年的艺术品。科学规划重执行。规划执行不到位，不仅会打乱城市布局，而且会影响政府的公信力和执行力。进一步增强"规划即法、执法如山"的意识，强化规划的刚性约束，坚决维护规划的严肃性和权威性。加大执法力度，强化规划监管，从严从快从重查处各种违法建设、审批行为。

三、坚持以繁荣产业支撑邯郸先行

产业聚集与城市建设相辅相成，产业聚集是城市建设的根本支撑。建立符合国家产业政策、充分发挥比较优势、结构合理、具有较强竞争力的现代产业体系，是加快建设区域中心城市的核心要素，也是先决条件。我们始终把聚集优质产业和先进生产要素，作为城市建设的主攻方向，大力发展新型工业和现代服务业，加快形成产业聚集，壮大城市经济。把产业集聚区作为重要平台。抓住全省推进工业聚集区建设的有利时机，用足激励政策，尽快完善园区基础设施，为项目入驻创造条件；不断完善园区用地、用电、用水、融资、税收、服务等优惠政策，提升服务层次，降低入驻门槛，形成投资洼地，吸引优质要素和优秀企业大量集聚，加快培育园区经济增长点和增长极。把城市经济转型升级作为主要途径。以发展现代服务业为重点，结合城市建设和改造，加快"退城进郊、退二进三"步伐，大力发展旅游服务、金融保险、节庆会展、科技研发、商贸物流、总部经济等现代服务业，与园区产业互为支撑、互动发展。在城市黄金地段，建设一批高标准金融中心、商务中心、休闲中心等城市综合体项目，打造一批集休闲、娱乐、商务、旅游、文化等功能于一体的商贸街区，吸引一批国内外知名企业的行政总部、研发中心、销售中心等机构入驻，加快打造城市经济高地。把农村产业发展作为重要基础。推进"三年上水平"，提高城镇化水平最艰巨的任务在农村。深入挖掘邯郸农业特色优势，以农产品精深加工为方向，以专业合作组织为载体，培育一批带动能力强的龙头集团，提升农业产业化水平，最大限度地吸收农村富余劳动力，促进农业增效、农民增收。大力实施小城镇战略，结合新农村建设，继续安排财政资金，贴息支持发展新民居，改善农民生活环境和习惯，提高农村城镇化水平。

四、坚持以破解瓶颈保障邯郸先行

资金和土地是城市建设的基本要素，也是制约"三年上水平"的两大瓶颈，必须千方百计有效破解。开展多渠道融资。按照"尽力而为、量力而行"的原则，进一步挖掘城市各类资源，实施政府资源资产化、公共资产资本化、市政设施市场化，进一步完善政府投融资改革，更好发挥城投、建投、水投、交投、汉正五大投融资平台作用,提高融资能力和规模。建立完善多元化的投融资机制,面向市场找出路,努力激活民间资本。推进全方位引资。招商引资、借力发展是加快城市建设步伐的重要途径。仅仅依靠自身滚动发展,建不成国际化的大都市,必须借助外力发展自己。继续坚持"三个面向、四个开放",整合包装一批优质城建项目,引进一批战略投资者,吸引大集团大企业到我市投资,吸引更多社会资本、外部资金参与城市建设。积极盘活土地资源。土地是稀缺资源。在土地问题上犯错,就是对历史犯错,就是对子孙后代犯罪。必须坚持节约用地、集约用地,使有限的土地资源效益最大化。加大土地储备力度,对"1+6"中心城市所有土地资源实行统一,集中管控。加大土地执法力度,严厉打击圈而不建、建而不快现象,对长期闲置的土地坚决依法予以收回。用足用好土地政策,积极争取国家和省预留计划指标,盘活存量土地,提高用地效率。

◎ 邯郸市西污水处理厂

五、坚持以改善民生验证邯郸先行

秉承"城市让生活更美好"的理念，围绕"繁荣、舒适"两大目标，把更多财力和资源向民生倾注，更多地真金白银用于城市基础设施建设，全面提高城市综合承载能力，使居民的幸福指数得到极大提高。依法拆迁维护民生。拆迁是城市改造建设不可逾越的阶段，也是推进难度最大、最敏感、最直接关系群众利益的一项工作。在拆迁上，必须始终坚持以人为本，切实做到依法拆迁、和谐拆迁、有情拆迁、精细拆迁，坚决避免一拆了之、简单粗暴、急功近利等危害群众利益、影响党和政府形象的行为出现，把拆迁作为维护民生的第一阵地，真正让人民群众在拆迁中得到实惠。快速建设保障民生。只有大规模、快速度地建设，才能真正推进"三年上水平"，才能提高群众的生活水平和质量，赢得群众的笑脸。从群众最关心、最直接、最现实的问题入手，强力推进城中村改造、棚户区改造和旧小区改善"三改"工程，优先开展廉租住房和经济适用住房建设，彻底改变群众的住房条件和居住环境。实践证明，哪个地方基础设施完备、承载能力强，哪个地方就会率先发展；反之，就会在区域竞争中落后。必须进一步加大道路、供热、供气、供水、供电等基础公共服务设施建设，加快发展教育、文化、医疗、体育等社会事业，完善城市服务功能，提升市民生活质量。切实加快邯郸机场扩建步伐，力争两到三年内打造成国际机场，大幅度提升城市承载力和聚集辐射能力。优化生态改善民生。让群众呼吸更清新的空气、喝更清洁的水、享受更好的生态环境，是改善民生的重要内容，也是"三年上水平"题中应有之义。着眼于改善生态环境，加强城市管理，突出抓好"水系"建设，充分发挥"五河绕城"的优势，打造独具魅力的滨河休闲景观带，形成河湖相连、碧水萦绕的秀美水景。大力构建立体化绿网格局，强力推进节能减排，努力把邯郸建设成为空气更清新、环境更优美、居住更舒适、前景更美好的生态之城、宜居之城、幸福之城、和谐之城。

（作者系邯郸市人民政府市长）

"刘家场速度"是如何创造的

中共邯郸市丛台区委　丛台区人民政府

刘家场片区综合改造是邯郸市委、市政府确定的"三年大变样"重点工程之一，南起人民路，北到市府路，东起中华大街，西至丛南胡同，处于邯郸市中心位置，规划占地62.4亩，总投资4亿元，拆迁共涉及324户居民（其中154户村民、170户城市居民）和部分市直公建单位。丛台区主要负责324户居民拆迁任务，要求1个月时间全部完成，不能回迁，全部货币安置。面对如此繁重的任务，丛台区认识起点高，工作力度大，措施合民心，推进效果好，仅用10天时间就全部签订了324户拆迁协议，创造了城市拆迁的"刘家场速度"。

顺民意的科学决策

刘家场虽地处市中心地带，但其建筑多数是上世纪五六十年代建造，没有暖气、煤气管道，水电私搭乱接，生活环境脏、乱、差，"外边是新世纪，身边是旧世纪"，完全不能代表邯郸市的城市发展水平。生活在这里的居民，可以说在等着盼着拆迁改造。在这种情况下，市委、市政府以"三年大变样"工作为契机，坚持以人为本，科学果断决策，作出刘家场片区综合改造的部署，还空间于市民，让群众在"三年大变样"工作中看到变化，得到实惠，完全顺民意、得民心。这是刘家场片区拆迁改造顺利完成的坚实群众基础。

重实效的实施方案

丛台区从维护群众利益出发，制定实施了切实可行的拆迁改造方案，主要突出三个方面：一是坚持把群众利益最大化作为首要原则。积极帮助他们算大账，算清账，不让一户居民因拆迁利益受损，确保他们搬得顺心，走得愉快。对城市居民，以《房屋所有权证》载明的建筑面积为准，以1:1折算，按4000元/平方米的价格给予货币补偿，高于市场评估价200元。此外，在规定时限内搬迁的，每户奖励3万元，30平方米以上的每增加一平方米另再奖励1000元。对农村居民，以《集体土地使用证》载明的面积为准，以1:1.6折算，按4000元/平方米的价格给予货币补偿，高于市场评估价200元。此外，在规定时限内搬迁的，每户在面积折算上奖励0.4倍，每平方米另再奖励500元。二是合理确定补偿标准。最终确定的刘家场拆迁补偿标准，是经有关部门、评估单位反复论证、评估，并参照新东庄、汉霸庄、耒马台、红房子等拆迁补偿标准基础上制定的。标准一经公布，就坚持"一把尺子量到底"，不留死角，不搞个例，坚决杜绝"特殊照顾"，这既让"黄金地段应有黄金价格"又避免了漫天要价和相互攀高。三是具体工作坚持实事求是。实际测量时，有群众反映自己的实际居住面积比房产证或土地使用证载明的面积大，应按实际居住面积予以补偿。对此，该区坚持实事求是，凡实际面积与证件载明面积不符的，一律以实际面积为准，重新测量评估。从而减少了拆迁工作矛盾，营造了有情拆迁、和谐拆迁的良好氛围，确保了拆迁工作稳定、有序推进。

打硬仗提升执行力

一是誓师动员。丛台区先后召开常委扩大会、四套班子会和拆迁改造动员大会，围绕刘家场拆迁改造强调"三个特殊"，即"任务特殊、要求特殊、措施特殊"；做到"四个一切"，即"拒绝一切理由、调动一切力量、想尽一切办法、不惜一切代价"，把刘家场拆迁作为落实科学发展观、检验干部作风建设年成效的一块"试验田"，拒绝理由，不讲条件，坚决打赢这场拆迁攻坚战。二是营造氛围。利用报纸、电视、网络、标语、宣传单、宣传车等进行全方位宣传，在《今日丛台》栏目连续滚动播放拆迁工作专题宣传片，印发拆迁政策及各类宣传材料，由分包单位工作人员深入每一栋楼、每一个院、每一户居民家中，面对面、点对点地进行宣讲，形成强大的舆论声势。三是严格措施。把拆迁改造工作列入单位、个人年度考核目标，严格实施奖惩，对完成前100户拆迁签约的，奖励分包单位2000元，之后在规定时间内完成拆迁签约的，奖励分包单位1000元。对不能完成任务的单位和个人，取消年终评先资格。将新提拔正在试用期的干部和准备提拔的后备干部全部拉上拆迁一线，实行"一对一"分包拆迁户，完不成任务，新提拔干部延长一年试用期，后备干部一年内不予提拔使用。四是强化督促。在拆迁工作现场和区委大院门口设立了拆迁进度牌，开展"比比看"活动，通过出通报、贴红旗、群发短信的方式向全区公布工作进展情况。刘家场拆迁改造指挥部设在距拆迁现场最近的红楼宾馆，推行一天一通报、三天一调度、一周一小结。区主要领导、主管领导坐镇指挥，现场督导调度，当场研究解决具体问题，确保了工作力度和工作进度。

暖人心的操作措施

拆迁工作中，58个单位的1000多名干部，充分发扬"5+2"、"白加黑"精神，弘扬"能打硬仗、肯于吃苦、甘于奉献"作风，将工作做到生病拆迁户的病房里，做到拆迁户上班的单位里，做到一时联系不上拆迁户的邻居、亲戚和朋友家里。光明桥办事处基层干部范楷了解到所分包住户的实际居住面积比房产证载明面积大，经多方协调重新进行了测量，结果为住户"找回"了10多平方米，维护了拆迁户的合理权益，赢得了支持。拆迁户弓建民家庭生活困难，夫妻双双下岗，女儿正上大学，外欠几万元债务，居住面积仅有20多平米，拆迁补偿款远不够再购置新房，弓家对搬迁有抵触情绪，要求的条件也十分苛刻。丛西街道党委书记张丽英、主任刘郝生亲自带队轮流去弓家做工作，同时积极为其寻求廉租房，最终感化弓家，欣喜搬迁。光明桥办事处基层干部张彤分包的住户陈景贵80多岁，常年瘫痪在床，大小便不能自理，老伴也因病住院，儿女又不能常在身边。得知情况后，小张主动帮老人倒屎倒尿，做饭洗衣，又带着营养品去医院看望其老伴，连续数日陪护两位老人，使老人及其孩子深为感动，同意签定协议。像这样的事例还很多，有的家庭有纠纷，工作人员主动联系司法部门帮助进行调解；有的家庭生活困难，工作人员就给予救助并对符合条件的帮助申请享受"低保"；对老人、病人、行动不便者，工作人员主动帮助洗衣买菜、收拾家务。基层干部的耐心、热情和责任，拉近了与拆迁户的情感距离，赢得了群众的理解、信任和支持，为拆迁签约赢得了宝贵时间，也直接催生了"刘家场速度"。

珍贵的拆迁效应

首先，政府公信力得到了提升。刘家场改造建设城市中心广场，这本身即是着眼于城市发展大局、发展长远，为全市人民谋福祉的民心工程、德政工程，拆迁户信任政府，真心愿意为城市发展尽自己一份力量。同时，在拆迁过程中基层干部处处为群众着想，解民愁、排民忧，为百姓办实事好事。针对部分住户因家庭纠纷致使搬迁难度较大情况，丛台区通过入户做细致调解工作、主动联系司法部门进行司法处理等，先后成功解决闫斌、黄玉珍等7户涉及夫妻离婚、财产分割等方面家庭纠纷，顺利实现搬迁。对困难家庭无法异地置房问题，丛台区给予了一定的优惠扶持政策，先后为霍吉昌、刘国平等22家生活困难户办理了廉租住房或申请了经济适用房。刘家场拆迁签约初定7月底完成任务，经过丛台区上下努力，所有被拆迁居民于7月16日前已全部签订了协议，拆迁工程迅速推进。"一切为了群众，一切依靠群众"，拆迁工作极大提升了政府在群众心目中的地位和形象，增进了党和政府与人民群众的情感。

其次，干部作风得到了锤炼。此次拆迁工作有58个单位街道1000余名干部参加，其中要求62名新提拔的干部和51名后备干部每人分包一个重点户。年轻干部发挥视野宽、热情高、素质强等优势，积极投身到拆迁工作中，从入户协商、来回"周旋"、签订协议到购房选号、办卡存款等为住户全面服务，全程帮办。因拆迁户手机和固定电话均欠费停机无法沟通联系，联东办事处分包干部程紫君及时为其各缴费50元，顺利保障了工作联系。对搬运困难的分包户，区市容环卫局马文林主动找车帮其搬家。柳林桥办事处王涛每天早上7点就等在分包户家门前，晚上做工作经常做到12点多，一天往户家跑五六趟。拆迁入户工作使每一名干部深入群众，了解群众生活，从群众的角度考虑问题，逐步筑牢了干事、服务、为民理念，从根本上扭转了一些干部的浮躁、拖沓、懒散、松懈作风，赢得了广大群众的认可。

再次，群众从中得到了实惠。通过搬迁，切切实实提升了群众的居住条件和生活水平，群众得到了实实在在的利益。霍吉昌一家4口人居住房屋不足25平方米，而刘国平一家4口挤在仅15平方米的房子里，没有煤气、暖气，居住条件十分简陋，平时生活极不方便。通过区民政局和分包干部的大量工作，他们搬进了宽敞明亮的廉租房。陈付江家居住面积仅40多平方米，夫妻2人都是下岗工人，经济拮据买不起新房，享受区政府与房地产商达成的优惠购房政策，利用拆迁补偿款就可以买到新的大点的房子，居住条件大大改善。丛台区给老百姓算经济账，讲明白话，让群众切实认识到拆迁改造只会最大程度地保障和维护他们的利益，所以得到了群众的信任和支持。

承德
CHENGDE

◎ 中疏助旧城显历史沧桑　拓城促新区亮时代风采
◎ "塞外明珠"绽放光彩　国际旅游城市逐步形成
◎ 加快保障性安居工程建设　推进城镇建设三年上水平
◎ 实施"一线工作法"　创造一流棚改速度

中疏助旧城显历史沧桑
拓城促新区亮时代风采

中共承德市委　承德市人民政府

全省开展城镇面貌三年大变样活动以来，承德市按照省委、省政府的总体部署，紧紧围绕"五个基本目标"和承德市城市发展的"四个定位"，突出"精致、独特、典雅、生态、宜居、宜游"的城市特质，加快推动城镇面貌大变样向丰富内涵、提升品位、带动产业、增加财富方向发展。通过三年来扎实有效的工作，全市"三年大变样"工作取得了显著成效，为承德经济社会持续快速健康发展奠定了坚实基础。

一、城镇面貌三年大变样成效初显

围绕城镇面貌三年大变样和建设国际旅游城市总体目标，我市坚持大投入、大拆迁、大建设，三年来城市中心区总投资570亿元，实施城建项目348个，市区规划用地面积扩展到120平方公里，控制面积1250平方公里，建成区面积达到99平方公里，"一市一区"历史彻底结束，城市发展由"山庄时代"跨入"两河时代"，承载百万人口的城市发展空间初步拉开；老城区"密度"得到有效控制和疏解，古城还原工程取得历史性突破，为老城区成为国际旅游城市的核心产业功能区腾出了空间；新城区建设迈出实质性步伐，以5平方公里

起步区为突破口，基础设施、配套服务设施全面建设，30平方公里的活力、生态、现代承德新城正在加速崛起；城区山水文章全面深化，生态景观建设提档升级，城市功能进一步完善；城市规划、建设、管理、经营的理念不断更新，体制机制全面理顺和深化，城市管理水平迅速提升；党员干部的责任意识、工作标准、工作态度发生了可喜变化；"三年大变样"向着聚集产业、汇聚人气、提升实力、改善民生、统筹城乡加快迈进。承德正在变成市民的幸福家园和游客的美好乐园。

◎ 市区道路整治

（一）着力完善国际旅游城市的城市功能，城市承载能力显著提高

一是坚持科学规划。按照"总体规划抓提升、专项规划抓配套、分区规划抓品位"的思路，投入近亿元，请"高人"、"大家"，高标准编制完成105项各类规划设计，实现了城市规划的系统化、科学化和全覆盖，为长远发展留空间、留文化、留财富。二是坚决推进"中疏"。着眼于独特宝贵历史文化资源的保护、提升、挖掘，市委、市政府出台了《关于适度控制老城区住宅建设促进城市科学发展的决定》，迁出党政机关和企事业单位76家，对已拆完的45个地块做出规划调整，果断停止其中21个地块住宅建设，减少住宅166万平方米，减少人口近2万人，并出台了分级控制办法，纳入法制化管理轨道。实施承德历史上规模最大的古城风貌还原工程，一次性把避暑山庄、外八庙周边5个村、4个社区150万平方米各类建筑彻底拆除，6081户、2万多人搬迁异地，市中心区共拆除建筑349.7万平方米，拆出土地1109万平方米，腾出空间完善城市配套设施和旅游服务设施。三是完善基础支撑。按城市一级路标准修建总里程140公里城区间连接线全部完成，"四纵五横"城市路网初具规模，城市各组团密切相连，城市建设骨架全面拉开，人均道路面积达到13平方米，路网密度达到5公里/平方公里。污水处理厂和垃圾处理场建成投入，城市污水处理率大于80%，生活垃圾处理率达到95%。城市供热、供水能力迅速提高，集中供热普及率达到70%，排水管网密度达到2.63公里/平方公里，燃气普及率达到99.2%。四是加快新城建设。以5平方公里起步区为突破口，高水平开发建设30平方公里的承德新城，完成了道路、管网、水系、绿化等市政工程，医院、学校、市场等配套服务设施相继开工，高品质滨河商住小区等一批标志性区域正在建设之中，具备了承载行政、文化、教育、商务功能的条件，为承接老城区人口和功能转移提供了基础。

（二）着力打造彰显国际旅游城市特质的精品景观，城市现代魅力初步显现

一是打造精品工程。规划展览馆已投入使用，热河地质博物馆、奥体中心、喀喇河屯五星级酒店、二仙居旱河水、路、桥、店、景五位一体综合整治即将完工，地标性滦河现代景观大桥、国际老年公寓、隆基泰和国际购物广场正在加快建设，承德博物馆和民族融合清史展览馆、承德新城三甲医院、绮望楼国宾馆等项目正积极推进。以精品工程建设为重点，开展建筑领域夺奖创杯

活动，努力在打造精致、彰显独特、凝聚典雅、凸显生态、建设宜居宜游之城中加快提升城市品位。二是彰显文化底蕴。围绕把无价的文化遗产露出来，把独特的真山真水亮出来，把休闲旅游服务设施做起来，实施了总投资46亿元的山庄、外庙周边片区改造工程，碧峰门民俗文化一条街、金龙皇家国际广场等工程全面建设，普宁寺广场、片区绿化基本完工，为皇家文化、佛教文化精品片区的建设奠定了坚实基础。三是塑造优美景观。投入3.1亿元，以景区周边、城市出入口、主干道两侧等为重点，综合实施城区绿廊、绿带、绿环、绿点打造工程58项，新增绿化面积10.2万亩，建成区绿化覆盖率、绿地率分别达到42.6%、38.4%，人均公共绿地达到27.8平方米。按照整体设计、分步实施的思路，对城区丹霞地貌山体、景区景点、主要节点、标志性街区、建筑等130处进行了高标准亮化。深入实施滦河、武烈河滨河景观工程，新增绿地面积23.8万平方米，硬化面积4万平方米，初步形成水面面积1200万平方米、18.4公里长滨河景观带。与此同时，实施了"六创联动"工程（创全国文明城市、国家环境保护模范城市、国家卫生城市、国家园林城市、全国双拥模范城和全国生态文明示范区），承德已获"全国双拥模范城"六连冠、"国家园林城市"称号，并被批准为第二批全国生态文明建设试点市，实现了与"三年大变样"工作的互促互进。

（三）着力建设符合国际旅游城市标准的生态环境，城市环境质量明显改善

一是强力实施蓝天工程。采取推进集中供热、取缔燃煤散烧锅炉、加强煤炭管制、控制扬尘污染、强化机动车尾气污染治理等有力举措，空气质量指标值均高于标准要求，2009年12月1日至2010年10月31日，城区空气质量达到二级和好于二级天数为314天，比考核标准多4天。二是强力实施碧水工程。以饮用水水源地保护、重点流域污染防治为重点，加大污染源监督管理力度，水源地水质达标率持续保持100%，市区断面水质均达到功能区划要求。三是强力实施净化工程。加大重点企业和单位的监管力度，取缔市区燃煤锅炉171台，制定并严格落实生活垃圾、工业废物和污染物的产生、储存、处置、排放监督管理办法，全市两场（厂）全部竣工运行，生活垃圾处理率、工业固定废物处置利用率、危险废物处置率全部达标。

◎ 承德规划展览馆

（四）着力改善建设国际旅游城市所需的居住环境，城市居住条件大为改观

一是保障性安居工程任务圆满完成。努力克服财政保障能力低、保障性住房筹集供应渠道少等诸多困难，明确责任，配套政策，强化举措，跟进调度，全市人均住房建筑面积15平方米以下城市低收入住房困难家庭实施廉租住房制度保障户数达到12227户，当年新开工建设廉租住房项目7个1116套，三年累计筹集廉租住房4824套，在建经济适用住房项目9个2963套，达到供应条件2360套，组织建设公共租赁住房住房100套，分别完成责任目标的101.89%、111.6%、107.2%、100%。二是"三改工程"强力推进。按照分类指导、一村一案的思路，启动了列入全省城中村改造考核范围的27个城中村，累计拆迁面积209万平方米，占拆迁任务的104.9%；建设回迁安置房3686套、32.7万平方米。

其中1个村完成"四个转变"，6个村土地性质转为国有。将棚户区（危陋住宅区）改造工程作为政府一号民心工程，全市三年共改造完成城市棚户区52项，完成改造面积87.73万平方米。其中1万平方米以上城市棚户区全部完成改造任务，拆迁建筑面积76.45万平方米，改造住房17153套，解决低收入住房困难户数9155户。市区四片棚户区改造坚持"盯在一线"的工作方法，碧峰门棚户区回迁房建设实现了当年开工建设、当年回迁入住，其他三片棚户区顺利回迁，实现了市政府对群众的承诺。按照"有计划、分步骤、多层次"思路，累计投入1.456亿元，改善旧住宅小区（区域）59个，改善面积176万平方米，29116户。市区3万平方米以上旧住宅小区全部得到改善，改善旧住宅小区（区域）25个、124万平方米（含3万平方米以下旧住宅小区），旧住宅小区基本达到功能齐全、配套完善、环境优美、适宜居住的目标。三是促进房地产市场科学有序开发。把促进房地产市场稳定发展作为工作的重中之重，加大房地产市场调控力度。全市房地产综合开发施工面积2235万平方米，竣工935万平方米，人均居住面积达到30平方米。

（五）着力建设符合国际旅游城市要求的管理体系，城市管理水平全面提升

一是严格执行规划加强规划监管。深入开展违规变更规划调整容积率和工程建设领域突出问题专项治理，特别加强了政策性保障措施的制定和完善工作。为促进"中疏"战略落地，市委、市政府出台了《关于加快推进城市"中疏"的实施意见》，市人大作出了"中疏"决议；为解决小区配套建设缺失的问题，市政府研究出台了《居住小区配套服务设施建设监督验收办法》（试行）。同时，按照"整合资源、搭建平台、分布推进"的思路，加快数字城市建设，数字规划"1125"基本框架构建完成，2010年数字规划建设顺利通过省住建厅评估验收。二是实施网格化管理。从街面秩序、交通秩序、环境卫生、社会治安等六个方面入手，实行"划段、分片、定责、定人、挂牌服务"的网格化管理，数字化城市管理信息系统平台提前完成，8月份通过省验收，城市管理向着多元互动的科学化、规范化、精细化管理层级加快迈进。同时，以创建国家文明城市为载体，实施市民文明素质提升工程，市民思想道德素质、民主法制观念、诚信意识、身心健康水平显著提升。三是严查违规行为。深入开展违法违规建筑综合治理攻坚行动，集中拆除老城区主次干道、支路、街巷、小区内违法破旧建筑20万平方米。开展城市容貌整治攻坚行动，查处市容违章案件1.8万起，清理取缔流动商贩40000余人次，取缔店外经营800余处，规范或拆除广告牌匾2万余平方米。深入推进"1510"工程，加大既有建筑立面改造，主要街道两侧建筑外观改造和街道景观整治全面完成。

三年来，承德市把各县城放在建设国际旅游城市的大格局中统筹考虑，推动县城向15平方公里、15万人口以上的中小城市迈进，以平泉、宽城、丰宁等县为代表的各县城展现出了崭新的容貌。同时，围绕产业发展和园区建设，一批工业、商贸、旅游等特色小城镇率先发展，城乡一体化发展加速推进。2010年7月份，李长春同志来承德视察时，对承德市城市建设工作给予了充分肯定和高度评价。

二、全新的理念和科学的精神助推工作全面开展

（一）深化认识、提升理念，高标准定位工作目标

为实现"在增强现代城市意识上有新提升、在改变城镇面貌上有新突破、在带动产业聚集上有新进展、在增强承载能力上有新成效"的目标，承德始终按照"认识再深化、理念再提升、视野再扩大、标准再提高"的要求，把建设国际旅游城市确定为总目标，以城市发展"四个定位"（国家历史文化名城、山水园林城市、国际旅游城市、连接京津冀辽蒙区域性中心城市），"十二字"特质（精致、独特、典雅、生态、宜居、宜游）、"五区三带"布局（老城区、双滦区、承德新城区、双峰寺空港城、上板城工业聚集区，武烈河景观带、滦河景观带、古御路文脉景观带）为总部署，全面落实"一个中心两个重点"（以城市中疏为中心，以加快拆迁和建设为重点）发展战略，全力实施"五大攻坚行动"（规划攻坚、拆迁攻坚、建设攻坚、整治攻坚、管理攻坚），主攻城市空间拓展、布局优化、内涵丰富、品位提升，全市共实施城建项目550个，市中心区实施城建项目189个。

（二）统筹兼顾、强力攻坚，推动城市建设上水平

规划坚持高站位高标准。把城乡规划摆在"三年大变样"工作的首位，

突出完善规划体系，提高规划设计水平，强化规划落地三项重点工作，全力实施"规划攻坚"。实现控制性详细规划规划建设用地的全覆盖和无缝衔接。在2009年已完成城市总体规划和各类专项规划编制和报批工作的基础上，2010年把加快控制性详细规划的编制和完善工作作为健全配套规划体系的重点，采取强化历史文化名城保护、将城市设计纳入控规成果、运用新技术新方法等措施，提高规划设计的品位和深度。坚持把超前的思维、世界的眼光、国际的标准与彰显承德历史之韵、文化之魂、山水之秀、现代之气相结合，量的增加与质的飞跃相结合，外延的扩展与内涵的丰富相结合，抓好各项规划的衔接和深化，全面提高品位和深度。进一步增强了规划的严肃性和权威性。在加强规划监管的同时，特别加强了政策性保障措施的制定和完善工作。为促进"中疏"战略落地，市委、市政府出台了《关于加快推进城市"中疏"的实施意见》。

拆迁立足合法、合规、阳光透明。按照"拆建结合、以建为主，吸引资金、聚集产业，建管并重、综合治理"的思路，承德市拆迁主要是突出做强产业、畅通枢纽、严查违章、改善人居四个重点，集中时间和力量，多点入手、全面开花，推动拆迁攻坚。三年全市累计拆迁面积714万平方米，其中老城区363万平方米。特别是外庙周边城中村的拆迁工作干净利落，偿还了历史旧账。违法违规建筑综合治理成效明显，做到了应拆尽拆。路网建设沿线拆迁快速推进。以保障道路施工为前提，确保红线，控制绿线，加快推进市区"四纵五横"路网建设和高速公路沿线拆迁工作。整体拆迁平稳快速推进。

建设突出精心精致。承德市按照"增强城市可识别性，系统配套、追求完美搞建设"的思路，着力打造标志性建筑、景观，打造记得住、可传世的精品，强力推进了六个方面的重点项目。一是围绕密切联系城市各组团，彻底拉开建设骨架，拓开发展空间；二是围绕把无价的文化遗产露出来、把独特的真山真水亮出来、把休闲旅游服务设施做起来；三是围绕塑造新城优美空间和形象，吸引老城区人口转移、功能输出；四是健全旅游服务设施，完善旅游服务功能；五是围绕打造优美环境，提升城市品位，打造城市亮点。

管理突出规范精细。坚持"标本兼治、重在治本"的思路，以制度建设为保障，以专项行动为载体，狠抓市容市貌综合整治，促进了城市管理向规范化、精细化、制度化、长效化的转变。在中心区率先实施了"划段、分片、定责、定人、挂牌服务"的城市网格化管理,对街面、交通秩序和治安秩序,环境卫生、园林绿化等53项工作细节进行"全权、全时、全管、全责"管理和服务,"走街入巷全方位、联系方式全公开、反映渠道全畅通、服务管理全覆盖"的城市管理体系初步建立。提前完成数字化系统平台的搭建工作,通过了省住建厅专家组的评估。开展市容集中整治行动,以主要街道、广场及景区为重点,集中开展店外经营、占道经营、室外烧烤、流动商贩等违章行为整治活动。

(三)转变作风、破解难题,确保全面完成工作任务

为确保重点工程和各项工作的速度、质量,承德市不断强化组织领导,充实力量,创新突破,狠抓落实,为强势推进"三年大变样"工作提供了有力保障。一是求标准。无论规划还是建设,无论是城市道路、重点建筑,还是亮化、绿化,即使是一个垃圾箱、一个广告牌都要求讲标准、讲品位,追求精益求精,既求速度、赶进度,又要质量、要精品,努力做到大处做好、小处做

◎ 建设中的滨河小区

细、细节做精。二是破瓶颈。在拆迁工作上,始终做到"阳光、公开、公正、公平",组织过硬的队伍深入群众做过细工作(外八庙景区整治拆迁实行了市、区两级常委分包制,并组织市直、区直和镇村、街道、社区1500多名党员干部,组成37个工作组,对被拆迁户分组包户做工作,取得了"百日百万"的良好效果),量化目标,包户到人,较好地解决了拆迁难的问题。在资金筹措上,抢抓机遇早动手,春节前争取到国家农发行资金18亿元,为核心景区周边改造提供了支撑。将土地储备中心部分职能划转到市城投公司,从体制上为城投公司经营资产、包装项目、做大做强奠定了基础。同时,积极用大项目、好项目引进大投资,与保利集团、西部控股公司、恒大地产等正在就具体项目进行合作。三是转作风。面对承德施工期较短的实际情况和征地拆迁难等实际问题,工作中倡导"白天走干讲,晚上读写想"的作风,各县区、各部门负责同志,既"挂帅"又"出征",一线指挥、现场调度,努力用主观上的拼和抢来弥补客观上的不足,在保安全、保质量的前提下,追求快节奏、高效率,体现出建设国际旅游城市应有的速度和形象。

三、"三年大变样"工作带来的几点启示

(一)必须树立新的发展理念

理念体现水平,影响进程,决定思路。经过多年的探索、提炼,承德城市的发展定位为"建设百万以上人口的国际旅游城市、历史文化名城、山水园林城市和连接京津冀辽蒙区域的中心城市"。围绕这个发展定位,必须进一步强化四种理念。一是开放的理念。继续开放规划市场。承德是一个在世界上享有美誉的城市,必须把世界上最好的规划公司请进来,使所做的一些专项规划真正符合承德城市的特点和要求。开放城市建设管理市场。引入外地实力雄厚、资质高的开发建设公司,多建设精品。开放城市资本运营市场。在城市建设融资的问题上高站位、大手笔,引进更多的社会资本投入城市建设中。二是精品的理念。发挥承德生态资源良好的资源优势,把每一个建筑做成精品,每一条道路、每一个设计都建成精品。三是系统的理念。承德的发展要放到京津冀都市圈去考虑,对于整个城市的道路系统、供排系统、生态系统,既要考虑产业

的布局，又要考虑道路、排污、供水、供热、园林绿地等基础设施的布局；既要考虑工业、商业、服务业等各种业态的布局，又要考虑学校、医院、文化等公共服务设施的布局；既要考虑每个单体建筑的设计，又要考虑单体建筑对周边区域的影响。四是人本的理念。承德城市的开发、建设、管理的全过程都要从市民的角度去想事情，做决策，千方百计为城市居民创造一个环境优良、生活方便、服务到位、居住舒适的生活条件。要鼓励开发商到新城区开发建设，老城区的住宅开发坚决控制，党政机关要搬出去，企业要搬出去，为旅游休闲、文化、商业等产业的发展留足空间。

（二）必须彰显特色和个性

承德因避暑山庄而建、依避暑山庄而兴，承德的文化脉络在避暑山庄和外八庙上，是座独一无二、不可复制的城市，始终体现自己的个性和特点。承德立足于承德的特色搞设计，不简单地穿鞋戴帽。在城市建设中树立这种理念，承德市8个县城都有河，都有水，每条河都有个性，柳河有柳河的特点，瀑河有瀑河的特点，潮河有潮河的特点……城市的灵气来自于水，把水、河两岸、桥做漂亮，做成体现城市个性和特色的标志性景观。老城区保护传承好历史文化，新区建设既要体现现代活力，又要和老城区相得益彰。在加快新区建设上，把河打造成城市的景观。

（三）必须学会经营城市

大发展、大变样，取决于大投入。城市发展，资金是绕不过的"坎"，是必须破解的难题。城市建设单纯依赖财政投入，路子越走越窄，永远不会有大发展、大变化，必须解放思想，拓宽思路。一是向城市规划要钱。城市规划好了，土地和整体的产业价值都会提升，外来的投资就会增多。二是向城市的土地要钱。政府必须要垄断一级土地市场。三是向城市经营要钱。经营城市、扩大投资，关键在于搭建好、运营好城建融资平台。把基础设施和有形资产打包成项目来融资。

（四）必须建立新的城市管理体制

在城市建设中，包括县城，一方面要加大投入，加快城市建设。另一方面，要建立完善科学长效的城市管理体制，使城市管理纳入规范化、法制化轨道。

"塞外明珠"绽放光彩
国际旅游城市逐步形成

杨 汭

承德是因避暑山庄而建而兴的全国著名旅游胜地,生态环境良好,文化底蕴深厚,素有"塞外明珠"之美誉。多年以来,受地形地貌以及"山庄情结"的影响,长期围绕山庄进行城市规划建设,城区狭小,交通拥堵,环境不优。省委七届三次全会作出城镇面貌三年大变样的战略决策后,我们坚决贯彻省委、省政府的部署要求,把城镇面貌三年大变样作为推动承德科学发展、富民强市的重大机遇,作为推进城镇化、带动新型工业化、加快现代化的一项长期战略任务,以建设国际旅游城市为总目标,以中心城市为重点,以大拆大建为突破口,全面提升城市规划、建设、管理、经营水平,不仅使城镇面貌发生了重大变化,而且干部群众思想观念、工作作风、能力素质也发生了大变样。实践中我们积累的经验、创造的精神财富弥足珍贵,实现了物质成果和精神成果"双丰收"。

第一,认识的深度决定变样的程度。大变样的三年,是全市上下思想不断解放、观念不断更新、认识不断深化、成效不断显现的三年。随着工作的深入,我们越来越深刻地感到,"三年大变样"不是单纯的城市建设问题,而是通过这个载体集聚生产要素,培育新兴产业,加快城市化进程,促进发展方式

◎ 二仙居改造前后

转变，增强经济社会发展的动力；不是简单的拆、建和环境整治，目的在于通过城市承载力的增强来提升以城带乡的能力，促进城乡统筹发展，让人民群众共享城镇化和城市现代化的文明成果；不是一项阶段性的活动安排，其实质是推进经济社会加速发展、加速转型的一项战略部署，以三年为一个时间段，经过若干三年的努力，把一个城市、一个区域建设得富有实力、活力和竞争力。基于这样的认识，我们在推进"三年大变样"过程中，坚持把思路放宽，把眼光放远，不做表面文章，不急功近利，不搞短期行为，结合承德实际扎扎实实地、一步一个脚印地予以推进。为此，坚持以规划为龙头、为牵引，投入2.6亿元，高标准编制完成总规、控规、详规、专项以及重要片区节点规划105项，建成区由50平方公里增加到97平方公里，规划控制区达到1250平方公里，城市由过去的一个老城区为中心扩展为"五区三带"多中心的组团城市，城市框架迅速拉开，为产业发展、人口聚集、功能完善奠定了坚实的基础。

第二，发展的目标决定变样的方向。每座城市发展演进都有其独特性，必须对其独特性内涵进行准确把握、吃深吃透，才能科学确定城市发展目标，进而引领城市沿着正确的方向前进。承德具有厚重的文化、独特的山水，是一座不可复制的城市。我们把城市发展定位为国家历史文化名城、山水园林城市、国际旅游城市和连接京津冀辽蒙的区域中心城市。这其中，最核心的是建设国际旅游城市，它代表城市发展的方向，决定城市建设的标准，体现城市产业的特征。推进"三年大变样"就要以对历史、对未来发展高度负责的态度，尊重历史、尊重文化、尊重自然，以世界的眼光、国际的标准发展城市、繁荣城市，把承德建设成为具有"精致、独特、典雅、生态、宜居、宜游"特质的国际旅游城市。为此，我们积极对标定标准，选择杭州、苏州、青岛、洛阳等国内外先进旅游城市，深化城市对标，逐项比对，制定出10大类52项《承德建设国际旅游城市基本标准体系》和《国际旅游城市建设三年行动方案》，确定了国际旅游城市建设的线路图和时间表；提升产业生财富，依托文化、生态两大核心优势，把休闲旅游产业作为城市的支柱产业和整个区域的先导产业率先突破，双滦鼎盛王朝文化产业园、隆化温泉城、兴隆国际将军城、围场皇家体育休闲基地、碧峰门民俗文化街等高端旅游项目相继开工，一批休闲型、参与

武烈河畔

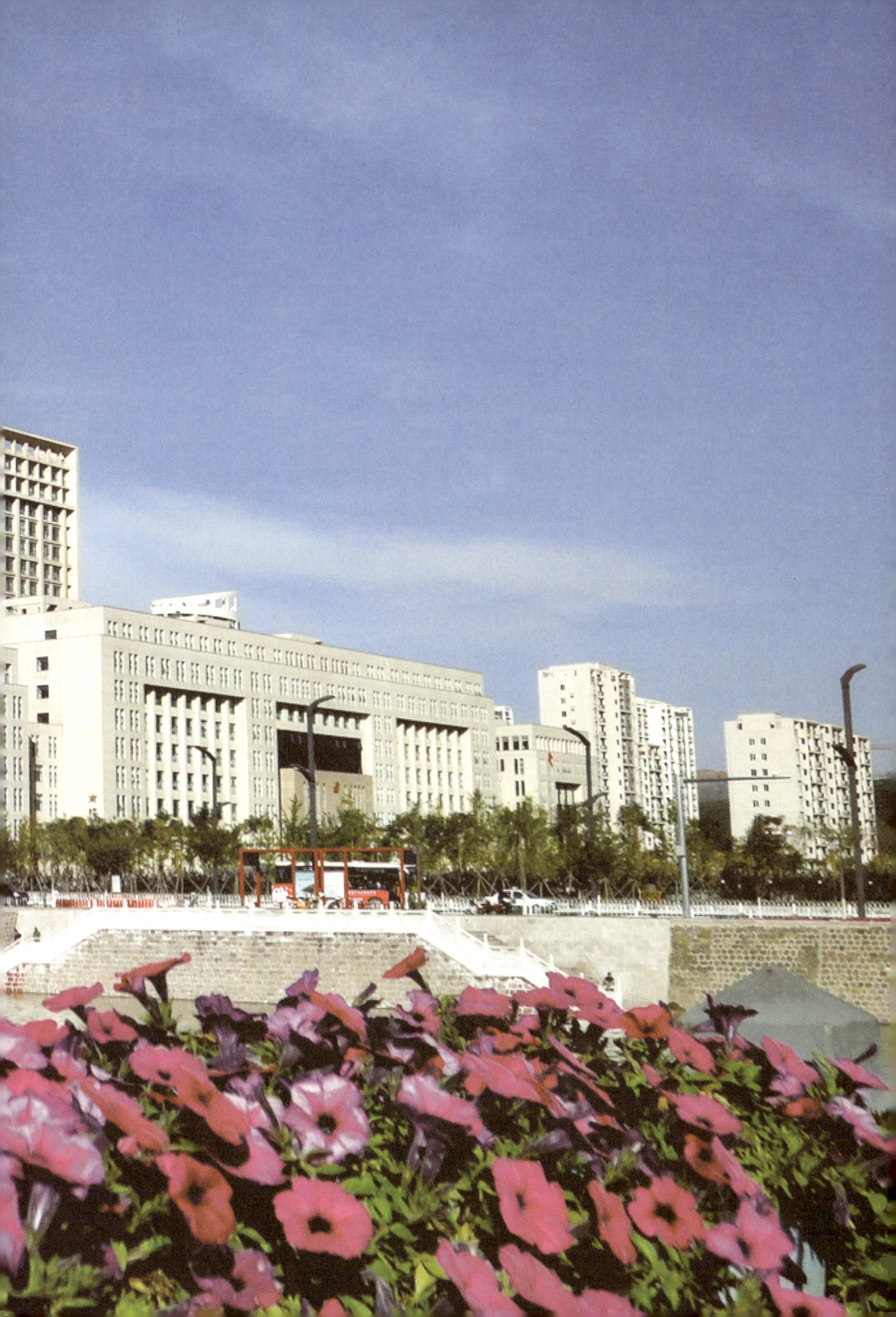

型、娱乐型旅游产品开发快速起步，并以此转化一产，提升二产，带动三产，推动三次产业整体提升、转型升级，向高端走，向绿色、低碳、循环方向发展；扩水增绿提品位，建成34公里滦河、武烈河滨河景观带，形成水面1200万平方米，高标准实施亮化工程130多处、绿化工程58项，人均公共绿地由19.9平方米增加到27.8平方米，城市大气污染综合指数三年下降32%，二级以上天数达到350天，荣获"国家园林城市"称号。

第三，先进的理念决定变样的水准。在推进"三年大变样"过程中，我们注重强化以人为本的理念，既改善群众生产生活环境，又考虑群众就业和长远生计，使其在城市建设发展中得到实惠；强化以产业为支撑的理念，把城市发展与产业培育紧密结合；强化以文化为内核的理念，发展传承好城市文脉。对承德而言，避暑山庄和外八庙所积淀的文化是城市的"根"与"魂"，保护好、挖掘好、利用好这独一无二的中华瑰宝是彰显城市品位的关键。去年我们启动总投资27亿元的承德历史上最大、最难、也是价值最高的古城风貌保护工程，实行市委常委包村、区直部门包组、领导干部包户，抽调1500名干部，集中4个月时间攻坚，一次性搬迁外八庙周边1个镇、5个村、5个社区，共6081户2万多人，实行异地安置。这次大规模拆迁不是简单的腾出土地、经营城市、有水快流，而是着眼于对历史文化遗产的有效保护，擦亮山庄外庙这块宝贵的"金字招牌"；着眼于为发展休闲旅游产业腾空间，不搞住宅开发，增强城市可持续发展能力；着眼于改善居民的居住生活环境，实现长富久安。此外，在"三年大变样"中我们始终坚持做到尊重民意、顺应民心、满足民愿，共累计改造城中村27个，完成棚户区和旧住宅小区改造4.6万户，保障性安居工程任务超额完成，城镇人均居住面积由17.4平方米增加到30平方米，在群众居住条件得到明显改善的同时，也赢得了广大群众的真心拥护、真正理解和真诚支持，为我们圆满完成"三年大变样"各项任务提供了源头支撑。

第四，科学的方法决定变样的速度。承德城市发展速度慢、建设水平低，特别是"老城区疏解难、新城区建设慢"成为制约中心城区发展的主要矛盾。针对存在的问题，我们坚定不移地实施"中疏"战略，以中疏促功能分区、促新城快建、促城市扩张，出台了《关于加快推进城市"中疏"的实施意见》

和《关于适度控制老城区住宅建设促进城市科学发展的决定》，迁出老城区党政机关和企事业单位76家，21个地块住宅建设果断停建，减少住宅166万平方米，疏减人口5万人；全力以赴地加快新城建设，以5平方公里起步区为突破口，高水平开发建设了30平方公里承德新城，道路、管网、水系、绿化等工程全面完成，医院、学校、市场等配套服务设施相继开工，高品质滨河商住小区等一批标志性区域加快建设，活力、生态、现代的新城具备了承载行政、文化、教育、商务、居住的功能条件；不遗余力地完善基础设施，"四纵五横"城市骨干路网建成通车，新建跨河大桥10座，打通遂道11处，新建、改造城市道路298公里。城市供水、供电、供热、供气保障能力大幅增强，污水处理厂和垃圾处理场全部建成投入使用，城市功能日趋完备。

第五，领导的力度决定变样的成效。承德作为经济欠发达地区，能如期完成"三年大变样"阶段性目标任务，得益于我们始终坚持"完成任务、拒绝理由"的态度，按照"办多少事、筹多少钱"的理念，各级领导干部带头攻难关、抓难事、解难题。对承德新城、双峰寺空港城、双滦钒钛新材料产业聚集区三个重大区域开发，打破行政界限，成立指挥部，组成专门的工作班子，全程负责，一抓到底。对重大项目实行一个项目一个班子"一对一"的推进机制，对重要节点、重点工程实行"集中突击"、"合力攻坚"等超常规举措，领导既"挂帅"又"出征"，一线指挥、现场调度，在保安全、保质量的前提下，实现了快节奏、高效率。特别是我们注重与"干部作风建设年"活动相结合，从房地产审批项目入手，大幅度削减行政审批事项，提高工作效能，各级干部把思路变为举措、把行动变为成果的自觉性越来越强，主动作为、勇于担当的责任感越来越强，化解矛盾、做好群众工作的能力越来越强，一批干部在"三年大变样"的实践中得到了锻炼，增长了才干，受到了重用。

（作者系中共承德市委书记）

加快保障性安居工程建设
推进城镇建设三年上水平

赵凤楼

　　加快推进保障性安居工程建设，对扩内需、保增长、调结构、惠民生，对推进城镇面貌三年上水平，对加快全面建设小康社会进程都具有十分重大的意义。这项工作不仅事关承德国际旅游城市建设进程，更是承德经济新一轮增长的希望所在。"十一五"期间，承德通过发展保障性住房、改造棚户区，解决了3.2万多户低收入家庭住房困难问题。"十二五"期间，承德将把大力发展保障性住房作为住房建设工作的重中之重。

　　首先，保障性安居工程建设是党中央、国务院和省委、省政府作出的重大决策部署，承德将以时不我待的干劲、事争一流的标准、真抓实干的作风，不折不扣地完成好中央和省交给我们的建设任务。

　　以严格的时限要求抢抓工程进度。省政府下达我市的保障性住房和棚户区改造住房建设任务总计是26443户，同时提出"力争超额20%完成"的工作目标。我们将按照时限要求，抢抓进度，力争提前，绝不拖全省后腿。各县区政府和市直有关部门都将围绕责任目标，制定切实可行的工作措施，确保项目到位，建设用地到位，建设资金到位。对保障房项目一律实行绿色通道、限时办结。

以创建省级示范工程为标准,保证建设质量。着力打造占地不多配套全、面积不大质量优、租金不贵服务好的高品质保障性住房。一方面,提升规划设计水平,优化项目设计,科学谋划项目布局,控制套型面积,确保户型合理、功能全、配套齐;另一方面,强化项目管理。认真落实项目法人负责制、合同管理制、工程监理制,实行全程质量监管。要严格竣工验收,重点把好配套建设和工程质量关,努力创建省级的示范工程。

以规范化运行确保分配公平。加强保障性住房管理机制研究,做好顶层设计,从准入标准、审核程序、动态管理、退出执行等方面制定一整套政策制度,实现规范化管理。切实把廉租房、公租房、棚改房等公共资源分配好、管理好,实行保障房源、分配过程、分配结果三公开,以机制规范行为,以制度堵塞漏洞,广泛接受社会监督、群众监督。

其次,保障性安居工程建设是改善民生、造福百姓的重大任务,承德将把这项顺民意、解民忧的德政工程、民心工程摆在突出位置,创新方法,破解难题,努力让全市人民更多地分享改革发展成果。

创新保障性住房建设用地保障机制。严格土地供应时序,优先供应保障性安居工程建设用地;强制执行保障性住房配建政策,今后所有新的商品住房开发项目,保障房的配建比例不低于项目总建筑面积的10%,并在规划和土地出让条件中予以明确;加强使用监管,严禁改变保障房用地的土地用途,以划拨方式取地的,任何部门不能批准土地变性,对擅自改变土地用途的依法从严处理;建立项目储备制度,在每年第四季度做好项目谋划和储备,尽早落实到具体地块,争取提前开工。

创新保障性住房建设融资办法。用足用好保障性住房建设政策,对中央的专项资金和省政府专项奖励和省级示范工程奖励资金,市发改委、财政、住建等部门通力配合;项目建设单位抓紧完善项目建设手续,确保争取到位。坚持政府主导和市场机制相结合,以土地供应、投资补助、财政贴息或资本金注入、税费减免等优惠措施,提高保障房项目吸引力,引导社会各类投资主体参与建设。合理确定公租房租金标准,缩短开发企业资金回笼周期。

创新保障性住房建设的管理和运行方式。做好保障性住房的日常维护和管理。特别是针对集中建设的小区，认真做好房屋和公用设施的保养及维护，提高物业服务水平，让群众住得舒心、安心。结合实际，科学预测我市各类保障性住房的需求总量，统筹安排未来几年的保障性住房建设，确保房地产市场总量基本平衡、结构基本合理、价格基本稳定。把保障性安居工程建设与产业发展规划、城镇化进程紧密结合起来，形成保障性安居工程建设与经济社会发展的协调同步、良性互动。

其三，保障性住房工程建设不仅是一项经济任务，更是一项紧迫的政治任务，承德将拒绝理由，毫不懈怠，全力推进，完成任务，向省委、省政府和全市人民交上一份合格答卷。

坚持部门联动，形成合力。市保障性安居工程建设领导小组负责全市保障性安居工程建设的综合协调、指导、督促检查工作，市直有关部门按照职责分工，做好相关工作。各县区尽快完善组织机构建设，明确各部门职责，做好分工、协调工作，密切配合，形成工作合力。

坚持督查制度，跟踪问责。对保障性安居工程建设实施目标责任管理，市安居办积极发挥协调、指导、督导检查作用，强化日常监督检查工作，建立旬报告、月通报、季调度、半年小结、年底验收的工作制度，抓紧完善考核办法，完善督导约谈制度。年末对各县区政府保障性安居工程建设进行考核。对未完成责任目标的县区，取消其各类评先资格。

坚持舆论宣传，营造氛围。采取多种形式，广泛宣传保障性安居工程建设的重要意义、目标任务、政策要求，增强各方面推进工作的自觉性。及时宣传好的典型、好的做法，及时分析社情，加强舆论引导，努力创造一个良好的舆论氛围，推动此项工作的顺利开展。

（作者系承德市人民政府市长）

实施"一线工作法" 创造一流棚改速度

承德市棚户区改建工作指挥部

棚户区拆改工作是涉及千家万户的民心工程，如何加快推进市区棚户区拆改进程，既是执政为民宗旨的具体体现，又是提升城市品质的战略任务。面对近6000户弱势群体，针对棚户区拆迁难以推进的实际情况，承德市棚户区改建工作指挥部办公室本着对人民群众高度负责的精神，认真研究并提出了"一条龙拆迁工作机制"，在拆迁现场实行了"一线拆迁工作法"，以超常的措施、顽强的作风，在50天的时间里基本完成了拆除5940多户25.57万平方米的拆迁工作任务。他们打破八小时工作制，牺牲休息日，睁开眼睛干，闭上眼睛想，创造了一流的拆迁速度，为回迁楼建设赢得了时间，受到了省领导高度评价，承德市的棚改工作一举进入全省先进行列。

一、科学推行一线拆迁工作法，切实提升了拆迁质量和效率

针对棚户区弱势群体多、拆迁难度大、动迁时间紧等诸多矛盾和问题，棚改办充分认识到，要想强力推进棚改工作，必须深入一线，真正做到"拆迁工作一线推进、拆迁问题一线解决、拆迁矛盾一线化解、拆迁效果一线创造"。市政府副秘书长、棚户区改建工作主要负责人刘起明同志首倡一线拆迁工作法，并深入拆迁一线靠前指挥、带头攻坚、推进工作。他经常告诫棚改工作人

员，拆迁涉及千家万户，面对的又多是弱势群体，许多拆迁问题看似小事，处理不及时就会酿成大矛盾，解决起来就会困难重重，因此必须在第一时间现场处理解决。在他的领导带动下，参与拆迁工作的全体人员工作热情空前高涨，大家早7点进入拆迁现场，晚10点撤出，走家串户，不辞辛苦，耐心细致地做拆迁户的思想动员工作，使拆迁的一个个难题被逐一破解，一个个问题得以妥善处理，一个个矛盾得到有效解决。广大居民也深深被棚改工作人员的任劳任怨、兢兢业业的工作精神所感动，表示坚决支持政府"一年一大步，三年大变样"活动，对政府以人为本、关注民生、为民造福的举措深表感谢。

二、搭建一条龙拆迁工作平台，努力把拆迁纳入规范化轨道

针对复杂的动迁工作，面对百姓亟待改善居住环境的迫切心情，棚改工作人员以强烈的事业心和责任感，创新工作机制，谋划工作举措，在棚改工作中走出了一条特色之路。我们在拆迁现场搭建了由街道社区、拆迁事务所、评估公司、公证处、公安、检察院、法院等部门参加的七个工作平台。利用街道社区熟悉百姓、了解群众的优势在现场做动员工作，减少动迁难度；利用拆迁事务所熟悉掌握拆迁政策的优势向百姓进行政策讲解，进行房屋拆迁补偿数额的核算，大大缩短了时间，提高了工作效率；评估、公证等中介机构现场评估、公证，解疑答难，消除了百姓诸多疑虑；公检法等部门利用熟悉、掌握法律的优势，在现场维护秩序、进行法律监督和法律服务，从而使各部门的职能在拆迁一线得到科学合理的优化组合，使其职能作用和优势得以充分发挥，有效推动了拆迁进程。

拆迁工作接近尾声时，针对部分"钉子户"、"难缠户"的过高无理要求，棚改办创新工作举措，适时成立了集人民调解、行政调解、司法调解各方优势并存的"三位一体"大调解中心，召集由社区、评估、公证、公安、检察、审判机关等工作人员参加的调解听证会议，耐心细致的思想动员，深入浅出的明理释法，使"钉子户"、"堡垒户"逐一被突破，主动搬迁。拆迁的最后阶段，通过"三位一体"大调解中心的调解工作，四片棚户区共有37户拆迁户心悦诚服地交房搬迁。市区棚户区的整体拆迁工作无一起因拆迁补偿不合理

◎ 整治后的市区道路

而引发上访问题。

三、建立群众监督和职业监督约束机制，增强拆迁透明度

棚改工作是一项政策性强、安置资金规模大、涉及百姓切身利益的复杂系统工程，需要严格规范的拆迁程序，更需要铁的纪律，来不得半点马虎，更不允许掺杂私情。

在进入拆改现场前，棚改办就严肃提出了棚改纪律："大干150天，拒绝任何酒宴；苦干150天，打破八小时、牺牲休息日；牢记法律、政策、纪律三条警戒线；杜绝浮躁、推诿、扯皮三种工作恶习。"在各棚户区拆迁现场，成立了由各片社区主任、退休老干部、老党员组成的拆建工作群众监督组织，全程监

督本区域的拆改工作，每天遇到的所有问题、所有矛盾，都与社区的同志们一起商量，认真听取他们的建议，自觉接受群众组织的监督。因此，很快就形成了一批群众骨干，他们不但率先拆掉自己的房子，而且通过带头作用，打开了拆迁突破口，在拆迁的第一个月就完成了80%的拆迁任务。

与此同时，为增强拆迁透明度，我们把纪检监察和检察院的法律监督摆在拆迁一线，所有的现场房屋认定标准必须由四人以上签字，所有的安置协议，最后由纪委、检察院、审计局和房产局四家把关签字生效，并多次与审计、纪检、检察院等部门一起研究，会商在动迁政策方面如何操作，共纠正40户超规补偿问题，切实做到了阳光拆迁、规范操作。

在拆迁中，棚改办的领导带头，不许为任何有关系的人讲情；所有的工作

◎ 城中村改造

人员对有关的亲属、好友进行回避；所有各种房屋执照要到原批准单位核实加盖公章；所有非违建筑必须由公证、评估等四家认定。由于措施有力、纪律严明、程序规范，到目前为止，没有发生一起重大违规、违章现象。我们赢得了群众信任，提升了党委、政府在人民群众心中的形象，从而使拆迁成本大大低于本地房地产开发企业的拆迁，取得了显著的拆迁效果。

四、弘扬顽强拼搏的棚改精神，锻造了一支坚强过硬的棚改队伍

在各工作小组进场拆迁之初，市棚改办就以全新的思维提出了快速稳妥推进我市棚户区改建工作的"棚改精神"，即"打破8小时，牺牲休息日，睁开眼睛干，闭上眼睛想，全身心投入到火热的拆迁中去的顽强拼搏精神"。全体拆改工作人员正是以这种知难而进、勇于创新、敢立潮头扯劲帆的大无畏棚改精神，以讲政策、讲科学、讲纪律的思想觉悟和务实作风，以"百姓之事无小事"的工作态度，以极大的工作热情，全身心地投入到火热的拆迁工作中。全体同志中午、晚上吃盒饭，每天工作长达14个小时以上。

负责会龙山棚户区1700多户拆迁工作的赵江华同志，每天往返于该拆迁现场的三个工作小组不知要几个来回。会龙山整个拆迁区域面积较大，有人给他粗略地算过，一天要走上几十里。他带病坚持在拆迁一线，早出晚归，每天晚上10点以后入户动迁回来，在办公室还要继续研究第二天的工作方案，审核当天的拆迁意向书，签订拆迁补偿协议。在他的带动下，参与会龙山拆迁的工作人员走家串户，不怕吃闭门羹，不怕面对冷面孔，耐心细致地做动迁工作。工作人员的这种精神感动了会龙山棚户区的百姓，极大地推动了拆迁工作的进程。正如84岁的李凤桐老人在感谢信中所写的："'一年一大步，三年大变样'是贯彻执行党的十七大决议的有效措施，亦是努力建设有中国特色小康社会跨跃式发展的实际行动。由于你们尽心竭力，忠于职守，细致工作，使棚户家家满意，老少高兴。"

张家口
ZHANGJIAKOU

◎ 变"山河好大"为"大好河山"
◎ "三年大变样"：一场推进科学发展的生动实践
◎ "三年大变样"是统筹城镇化的总抓手
◎ 做足"水文章" 精心打造城市核心景观带

变"山河好大"为"大好河山"

中共张家口市委　张家口市人民政府

在张家口大境门的城楼上，嵌刻着由民国察哈尔都统高维岳书写的四个苍劲有力的大字：山河好大。这四个字是对张家口自然风光的写照，是对张家口山河的赞美。2008年以来，按照省委、省政府"三年大变样"的重大战略部署，张家口市深入贯彻"做城市，就是做产业、做民生、做城乡统筹发展"的科学理念，紧紧围绕"环境质量明显改善、承载能力显著提高、居住条件大为改观、现代魅力初步显现、管理水平大幅提升"五项基本目标，坚持把主城区作为城市建设主战场，以"治河蓄水、扩容改造、合理布局、工业外迁、增绿添彩、完善功能"为重点，实施了张家口城建史上项目最多、投资最大、力度最强、推进最快的城市建设工程。三年来，全市共实施各类城建重点项目2300多项，累计完成投资1648亿元；其中主城区实施1260多项，完成投资1000亿元以上，是上三年城建总投资的10.5倍；累计完成拆迁1205万平方米，其中主城区完成523万平方米，占主城区居住面积的六分之一多。

而今，张家口市变得天更蓝、水更清、山更绿、路更畅，城市品位不断提升，知名度、美誉度、开放度不断提高，人民群众生产生活环境显著改善，初步实现了由"山河好大"到"大好河山"的历史巨变。

城市新风貌——展示"变"的成效

着眼于加强生态建设，增强可持续发展能力，致力实施河道治理、城市绿化、治污减排等重点工程，城市环境质量实现大变样

三年时间，完成了清水河市区段综合治理工程，建成橡胶坝30座，蓄水量达到800万立方米。启动实施了全长38.5公里的洋河综合治理工程，建设了占地2400亩的明湖公园，城区河道湖面总蓄水量达到950万立方米，城区空气质量显著改善。

三年时间，绿化主城区周边荒山91万亩，种植各类树木9200万株，建成了10大景区、40个公园、50块绿地，城区内新增绿地601万平方米。到2010年底，建成区绿地率、绿化覆盖率分别达到35.8%、40.5%，人均公园绿地面积达到了11平方米；分别比2007年提高了6.8个百分点、5.5个百分点和6平方米。被省政府命名为"省级园林城市"，并通过国家级园林城市初审。

三年时间，取缔高耗能、高污染企业35家，城区污染企业外迁15家，省控重点企业排放达标率达到100%。拔掉分散小"烟囱"200余根。全市14座污水处理厂和15座垃圾处理场全部建成并投入运营，城市污水处理率、垃圾无害化处理率分别达到87.5%和80%以上，分别比2007年提高了18个和55个百分点。2010年全年好于二级标准的天数达到337天，比2007年增加31天，成功摘掉了全国污染城市的"黑帽子"。

着眼于完善城市功能，增强综合承载能力，致力实施高速、机场、海关以及城市路网改造、产业园区等基础设施建设工程，城市服务功能实现大变样

三年时间，实施了张涿、张石三期、京新二期等6条高速公路，高速公路通车里程累计达到672公里，位居全省第一、全国第六。积极推进了张唐、蓝张等7条铁路建设。到2010年底，京张城际铁路批准立项，张唐铁路开工建设，军民合用机场航站楼主体工程和机场路竣工，海关开关运营，立体交通网络初步形成。

三年时间，新建和改造快速路、张宣大道等城市主次干道50条、350公里，新建了25座互通立交桥，新建改建了20座跨河大桥，城市路网进一步完善。截至2010年底，城市人均道路面积达到14.5平方米，比2007年增长31.8%。城区面

◎ 城市快速路及由此带动的浅山区开发

张家
Zhangjiakou Shi

积和建成区面积分别由2007年的105平方公里、78平方公里扩大到2010年的285平方公里和116平方公里。

三年时间，谋划建设了总面积140平方公里的西山、东山、望山、宣化北山、下花园玉带山五大产业集聚区和南山、商贸、空港、京西四大物流园区，完成土地征、拆、平20平方公里，铺设各类管线260多公里。到2010年底，已有47家企业入驻集聚区发展，总投资达277亿元，城市发展动力进一步增强。

着眼于保障和改善民生，提高市民幸福指数，致力实施以住房建设、市政设施和便民设施为主要内容的民心工程，市民居住条件实现大变样

三年时间，累计建设廉租住房6520套、32.2万平方米，建设经济适用住房35.5万平方米，为4.2万户低收入住房困难家庭解决了住房难题；实施了16个城中村改造项目、46个棚户区改建项目；改善旧小区110万平方米，受益居民1.8万户。建设回迁安置房113万平方米、商品房434万平方米，满足了不同收入群体的住房需求。城市人均住房面积由2007年的22.5平方米增加到27.6平方米。

三年时间，推进了集中供热、集中供气两项具有历史性意义的城市配套工程。新增集中供热面积1200万平方米，中心城区集中供热普及率达到65%以上，比2007年提高了60个百分点。实施了应张天然气建设项目，铺设长输管线232公里，主城区燃气普及率达到99.2%，比2007年提高了13个百分点。

三年时间，实施了328条小街巷综合改造工程；新建和改造各类公园、游园和广场60个；新建市场5个、公交车候车厅82个、停车场28个；新建水冲式公厕84座，翻建改建公厕24座，改造旧城区居民院户厕所150座，极大地方便了市民生活。

着眼于改善城市形象，彰显城市现代魅力，致力加强重点区域开发、大型公建和星级酒店建设以及市容整治等重点工作，城区市容市貌实现大变样

三年时间，累计实施了大境门区域综合改造、西泽园等30多项重点区域开发项目，总面积达到1300多万平方米。实施了武城街步行街、至善街商业中心、察哈尔世纪广场等一批特色街区和商贸区域改造建设工程。开工建设了百盛商城、通泰五星级酒店、左卫接待中心等一批星级酒店，打造了一批标志性建筑、景观亮点和特色建筑群。

三年时间，共拆除违临建筑20多万平方米，封堵破墙开店1340多户；完成了40多栋大型建筑的外观改造、323栋建筑楼体的坡屋顶改造，粉刷墙面180多万平方米；完成了14条主要街道景观整治，拆除整改广告牌匾2.6万块，拔除废弃线杆1000多根，拆除市区实体围墙5.4万延米。

三年时间，以道路桥梁、商业街区、公园广场、重要建筑、滨河两岸、周边山体为重点，大力推进城市亮化工程，先后亮化主次干道50条350多公里，桥梁20座，建（构）筑物300余栋，河道及栏杆42公里，山体5座，安装各类照明灯具24万余盏，极大地美化了市容环境。

建设新理念——凸显"变"的实招

科学规划指导"变样"。把规划作为城建的"龙头"，投巨资聘请国内外优秀设计单位，编制了总面积1280平方公里的《张家口城市空间战略规划》，科学划分了文化居住、生态涵养、产业集聚、商贸和空港物流四大功能区，使城市建设实现了"三大转变"。一是"工业型"向"宜居型"转变。按照"以河为脉、以山为骨、以绿为体、以文为魂"的城市定位要求，围绕"经济繁荣"和"居住舒适"两大目标，全力打造融自然与人文、经济与社会、价值与审美为一体的现代城市环境。规划建设了一批便民类、公共类服务设施，实现了城市发展向宜居、宜业、宜商、宜游的转变。二是"经济型"向"生态型"转变。规划实施了清水河、洋河综合治理和整体开发工程，在滨河两岸建成了生态景观带、休闲旅游带、人文亲水带、新兴经济带，形成了以"两河"为主脉的城市发展新格局。启动了主城区周边640平方公里的生态涵养区建设工程，加大了城区绿化力度，形成了良好的城市自然生态系统。三是"模仿型"向"特色型"转变。对每一处建筑、每一条道路、每一座桥梁，都做到精心设计、独具匠心。楼房建筑一改过去千篇一律的"火柴盒"、"麻将牌"，建筑楼群各呈异彩、尽显特色。同时，注重挖掘地域文化，把城市建设与"大境门"、"堡子里"等历史文化、文物古迹、风景名胜等相融合，彰显了张垣老城的历史文化和现代文明。

和谐拆迁促进"变样"。确立了"拆"为城市发展、"建"为百姓造福的理念，坚持"以人为本、和谐拆迁"原则，做到了向拆迁要空间、要土地、要效益。一是透明拆迁。制定出台了《张家口城市改造房屋拆迁补偿办法》，并将所有拆迁政策、信息发放到户，补偿标准公示到位，拆迁户情况张榜公布，做到了公开透明。二是有情拆迁。最大限度地让利于民，规定拆迁与回迁安置面积比例为1：1.1；置换后仍不够经济适用住房标准部分，按成本价出售给拆迁户；超过经济适用住房标准部分，按低于市场价10%的标准出售给拆迁户。同时，帮助拆迁户解决就业、就学和社保等方面困难，对被拆迁的特困家庭和特殊群体给予尽可能多的帮助和照顾。三是多法拆迁。采取货币安置与产权交换安置相结合、现房安置与回迁安置相结合等多种形式，探索出"惠民拆迁，让利于民；以情动迁，借力推进；顺势促迁，差异解决；行业助迁，部门介入；依法促迁，公平正义"的五招三十六法。尤其是"低保救助法、优抚安置法、弱势补偿法、最低住房保障法和居住地一致法"的惠民拆迁，使拆迁工程成为"民心工程"、"德政工程"。

创新理念保证"变样"。坚持把城市建设作为经济发展的一个重要产业来运作，走出了一条"城市建设市场化、资源利用商品化、资金筹集多元化"的城市建设新路子。一是以改革的思路，盘活存量资产创新"经营路"。坚持以存量换增量、以无形资产换有形投入，积极探索多元化投融资新途径。组建了城投集团和通泰集团两大市级融资平台，通过将城市优质资源配置给两大集团，由两大集团综合运用BOT、BT、BTO等模式进行运作，实施城市有形和无形资产的滚动经营。通泰、城投两大平台为城市建设融资700多亿元，承担了全市城市基础设施建设65%以上的重点工程，成为城市建设的主力军。二是以开放的思维，集聚社会资本走活"融资棋"。把招商引资作为推进"三年大变样"的关键环节，积极引进战略投资者。先后引进了大唐国际、中油新兴能源、香港长荣国际地产、台湾新东阳、永昌国际等一批战略投资者，为城市建设发展注入了生机和活力。2008年以来，累计签约城建项目269个，签约金额达5336亿元。三是以市场的手段，活化土地资源开拓"生财道"。按照"控制总量，盘活存量，用好增量，优化闲量"的总体思路，加大土地收储力度，促进国有土地增值增效，形成了"一个渠道进水、一个池子蓄水、一个龙头放水"

的运作方式，使城市土地资本实现了"投入、经营、增值、再投入"的良性循环。通过"腾笼换鸟"，将城市工业企业外迁腾出的5000多亩"黄金"土地变现，有效解决了建设所需资金。接连不断的创新之举激活了城市建设的一江春潮，迎来了城市翻天覆地的变化。

发展新实践——引发"变"的思考

实施城镇面貌三年大变样的这三年，是张家口市城建工作取得重大突破的三年。三年的实践，进一步提高了各级干部贯彻落实科学发展观的能力，增强了驾驭经济工作全局的能力，加深了对城市建设发展规律的认识，积累了一些推进工作落实的好做法、好经验。

（一）不断解放思想，创新工作理念，形成了加快发展的广泛共识

"三年大变样"是一次思想观念的大洗礼。"三年大变样"工作推进的每一步，无不与思想的不断解放息息相关。从最初的修修补补、小拆小建，到大拆大建、大规模改造建设；从最初的不解观望、被动适应到认同支持，再到全市上下大力度自觉推进，靠的就是在推进中提高认识，在实践中解放思想。实践证明，只有不断冲破思想上的"无形围墙"，打破眼睛向内、自我比较的定势思维，打破修修补补、小打小闹的陈旧思想，打破封闭保守、自我满足的落后观念，才能为推进城镇化和城市现代化奠定坚实的思想基础。

（二）坚持以人为本，完善城市功能，突出了民生城建的建设主线

为人民群众创造良好的生活环境，既是城市科学发展的根本要求，也是落实以人为本的具体体现。在城市改造建设中，张家口市始终把维护人民群众的根本利益作为工作的出发点和落脚点，坚持城市改造与民生改善相结合，努力提高居民的幸福指数，下大力实施了修河治水、铺路架桥、增绿添彩、亮化美化、"三改"工程以及公园、广场、市场、公厕等城建便民惠民工程，使"三年大变样"成为人民群众看得见、摸得着的惠民工程、民心工程、德政工程。

（三）坚持政府主导，突出市场运作，实现了产城互动的良性循环

"三年大变样"既是改变全市城镇落后面貌的迫切需要，更是加快调整产业结构和城乡结构，加速工业化与城镇化融合，实现后来居上的重要机遇。三

居民高兴地领取廉租房钥匙

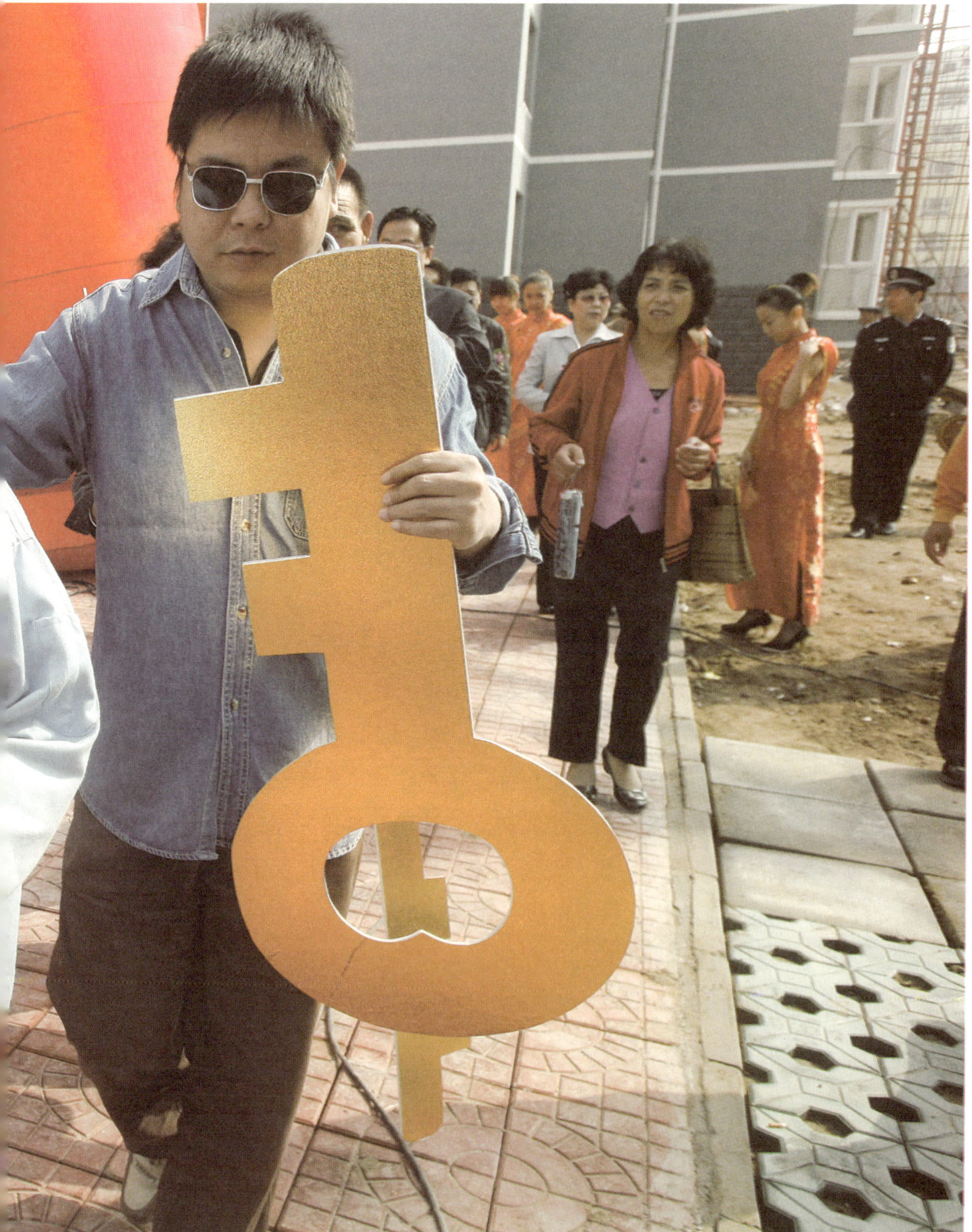

年来，张家口始终把打造经济增长新优势作为城市规划建设的重要任务，按照布局集中、产业聚集、用地集约的要求，充分发挥城市聚集生产要素、聚集优势产业、聚集人气、聚集财富的重要作用，坚持产业调整与园区发展相结合，大力繁荣城市经济，着力构建符合张家口实际的现代产业体系，为进一步提升城市的综合竞争实力奠定了坚实的基础。

（四）注重经营城市，拓宽融资渠道，闯出了以城建城的发展路子

坚持政府主导与市场化运作相结合，有效整合城市各类资源，多渠道筹集建设资金，形成了多元化的城建投入体制，保证了城建重点项目的顺利实施。三年来，张家口搞好土地开发利用，强化政府对土地一级市场的垄断，健全土地储备制度，加强土地收购和招拍挂工作，最大限度地增加了土地收益；三年来，张家口做大做强融资平台，组建成立了通泰集团和城投集团两大投资平台，代表政府经营城市资产，全面参与了我市的城市建设；三年来，张家口积极鼓励吸引社会资金、民间资金及外资等参与城市建设，为城市的建设和发展注入了极大的活力。

（五）创新推进机制，促进作风转变，凝聚了全市人民的强大合力

坚持把城镇面貌三年大变样置于核心战略地位，作为党政领导"一把手"工程，全党参与，全民共建，建立了市、县区四大班子领导全部参与和各部门共同完成的工作机制，并逐级实行定目标、定责任、定标准、定时限、定奖罚的"五定"目标责任制。全市上下牢固树立"城建一盘棋"思想，市、县区党政主要领导亲临城市建设第一线，现场指挥，现场办公；广大干部职工坚持"5+2"、"白加黑"工作法，昼夜奋战、攻坚克难；全体市民积极支持、配合、参与城市建设，形成了推进城建工作的强大合力，从而确保了"三年大变样"各项目标任务的圆满完成。

"三年大变样"：一场推进科学发展的生动实践

许 宁

2008年以来，张家口坚决贯彻落实省委、省政府城镇面貌三年大变样的决策部署，举全市之力实施了历史上投资最多、规模最大、力度最强的城建工程，三年全市累计完成城建投资1648亿元，相当于"十五"期间的16倍，其中主城区完成投资1000亿元以上，全市城镇化率由36.4%提高到45.2%，圆满完成了省确定的各项工作任务，迈出了张家口城镇化进程中具有里程碑意义的重大步伐，探索出了一条以城镇面貌大变样推动后发地区科学发展的新路子。

"三年大变样"是一项管本质、管全局、管长远的重大战略，只有按照科学发展观要求，注重把握城市发展规律，统筹处理好城市建设与各方面关系，才能更好地促进城市科学发展

省委、省政府作出实施"三年大变样"的决策后，我们深刻认识到，"三年大变样"不仅是改变城市形象、增强城镇承载辐射能力的有力抓手，也是拉动当前经济增长、打造长远竞争优势的重要举措，更是我市尽快改变落后面貌、集中突破发展瓶颈的难得机遇。为此，我们把"三年大变样"作为推进科学发展的重大战略突破口，没有局限于就城建搞城建，而是坚持"五个统筹"

的原则，科学确定建设任务，努力实现城市建设与经济社会发展的良性互动。一是坚持城市建设与拓展发展空间相统筹。我们坚持以高起点的规划引领高水平的建设，着眼建设现代城市，聘请国内外高资质规划设计单位，高标准编制了空间战略规划、产业发展规划以及各类专项规划。目前，主城区形成了生态涵养、文化居住、产业集聚、商贸物流四大功能分区，面积由原来105平方公里扩大到285平方公里，构筑起了未来城市科学发展的整体框架。全市各城镇形成了有主有次、分工合理且互为补充的城镇职能结构体系。二是坚持城市建设与促进产业发展相统筹。我们强化"城市建设与产业发展共生互动"的理念，大力培育主导产业，做强城市经济。重点利用主城区周边荒山、荒坡，规划建设了总面积140平方公里的五大产业集聚区和四大物流园区，目前吸引了53家企业入驻集聚区，总投资303亿元，有力拉动了投资，有效促进了就业，加快了产业集聚。同时，在县区规划建设了京西物流园、华侨华人创业园、信息产业园、风电设备制造园等一批特色园区，形成了园区经济隆起带。三是坚持城市建设与加强基础设施建设相统筹。我们着眼于加强城市与外界的沟通联系，提高城市的吸附力，立足于开通"空中走廊"，大力推进军民合用机场建设，立足于拉近"时空距离"，加快客、货运专线和既有铁路改造，特别是经过不懈努力，京张城际铁路已批复立项，建成后张家口市到北京的时间将缩短到1小时以内，使张家口与北京真正融为一体；立足于构建"高速路网"，三年新增通车6条段、364.5公里，高速公路通车总里程达到了672公里，居全省之首、全国前列；立足于打造"陆路码头"，经过两年多的艰苦努力，张家口海关已开关运营，现代立体综合交通体系逐步形成。四是坚持城市建设与改善民生相统筹。在工作中，从决策到实施，从拆迁到建设，都坚持依靠群众、发动群众、有情操作、和谐推进，充分考虑到群众意愿，切实让群众得到实惠；从城市管理、环境整治，到设施建设、为民服务，都切实让群众感到便利、舒适；从推进"三改工程"，到保障性住房建设，都注重考虑困难群体实际，最大限度维护群众利益，让人民群众共享城市文明成果，让广大群众真正成为最大受益者。五是坚持城市建设与新农村建设相统筹。立足张家口实际，在加快建立健全以工促农、以城带乡长效机制的基础上，我们把新民居建设作为

◎ 张石高速公路

统筹城市建设与新农村发展的重要载体，坚持用科学发展要求指导新民居建设，每年财政安排2000万元新民居建设以奖代补资金，同时出台专门政策，积极鼓励企业开发建设、引导金融机构加大信贷投入、激励工商资本和民间资本参与建设，尽最大努力扩大新民居建设的资金来源，目前已完成260个示范村建设任务，在全市形成了示范先行、全面铺开、梯次推进的工作格局。

"三年大变样"是一个历练干部的大战场、教育群众的大课堂、锻造时代精神的大熔炉，不仅创造了丰厚的有形资产，更为张家口未来发展积累了宝贵的无形财富

城镇面貌三年大变样，改变了城市的面貌，提升了发展竞争力，更为重要的是在思维方式、发展环境和工作作风等更多层面、更深程度、更大范围内发生了深刻变革，催生了全市上下在新的起点上推进更好更快发展的强烈愿望，必将成为我们在"十二五"期间推进科学发展、跨越赶超的强劲动力。一是引发了思想大解放。"三年大变样"的推进过程，是思想不断解放、观念不断更新的过程。"三年大变样"的成功实践，给全市干部群众的思想带来极大的触动和震撼，有力地推动了思想解放。全市各级干部突破了囿于过去、封闭保守的认识惯性，形成了科学发展、后发赶超的重要共识，强化了推进科学发展、跨越赶超的意识；突破了不敢想、不敢干的保守心态，形成了后发地区同样能够干大事、干成事的坚定信念，提升了愿办大事、敢办难事的信心和能力。二是助推了环境大优化。短短三年，张家口昔日脏、乱、差、散的城市面貌得到根本改观，一座宜商、宜业、宜游的现代化城市初步建成，一座以河为脉，以山为骨，以绿为体，以文为魂的北方山水园林生态宜居城市已具雏形。城市的巨变，使外界改变了对张家口的看法，看到了我们推进发展的魄力、能力，更看到了我市大发展、快发展的潜力，开始重新认识、重新考量张家口。2009年我市被评为全国最具发展潜力品牌城市，2010年又进入中国最佳投资环境城市行列。三年来，吸引了英国乐购、三一集团、中铁、中钢等30多家500强和央企前来投资置业，成功引进了22项50亿元以上、8项100亿元以上重大产业支撑项目。三是带动了作风

大转变。张家口市作为后发地区，城镇面貌相对落后，拆迁规模任务沉重，施工周期更为短暂，要全面完成"三年大变样"任务目标，必须付出更大的努力，必须具备更优的作风。经过三年的磨砺，各级干部提高了工作标准，每项工作都能够坚持高起点定位、高水平规划、高质量推进；提升了工作效率，各项工作都往前里赶、往快里做、往好里变，争取主动、求得突破；促进了工作落实，各级干部把思路变为举措、把举措变为行动、把行动变为成果的自觉性越来越高，主动作为、勇于担当的责任感越来越强，创先争优、竞相发展的劲头越来越足。四是实现了人心大凝聚。我们深入贯彻人民城市人民建的方针，充分激发广大群众参与城市建设管理的热情，真正把这件人人相关、人人受益的事情办实办好。广大群众从城市实实在在的变化中得到了实惠，看到了城市发展的美好未来，对党和政府更加信任，对推进发展更加支持，对生活在张家口更加自豪。随着城市面貌的改变，广大市民的文明风尚、法制观念、公德意识和现代生活意识明显增强，更加自觉地维护城市形象，文明、诚信、包容、和谐的社会风尚业已形成，全社会人心思上、团结凝聚的氛围更加浓厚。

"三年大变样"是城镇化建设进程中的阶段性目标、整治性工程，必须适应新形势、新任务、新要求，不断探索完善、巩固提高，以更大的力度推进新一轮城镇建设上水平

经过三年艰苦努力，我市城市建设实现了重大跨越，但更多的是整治性、"补课"性的，任务还十分艰巨，需要做的工作还很多。着眼于在更高层次上推进城市建设，我们坚决贯彻落实省委、省政府"三年上水平"的部署要求，明确提出了"十二五"时期打造"强市名城"的战略目标，突出繁荣和舒适两大主题，坚定不移、坚持不懈地抓好新一轮城市建设。一是增强工作的坚定性。牢固树立战略意识，始终把城镇建设作为事关长远的重大战略来抓，充分运用"三年大变样"中形成的好机制、好做法、好作风，一个重点一个重点攻坚，一个战役一个战役推进，不断加速城市化进程；牢固树立全局意识，坚持把城镇建设放到经济社会发展全局中来谋划、来部署、来推进，跳出就城建抓城建，更好地优化城市空间布局和生产力布局，加速全市科学发展、跨越赶超进程；牢固树立民本意识，始终把维护群众利益作为城镇建设的出发点和落脚点，全面提升城镇建设水平，不断满足人民群众对生活环境和生活水平的新期待。二是把握工作的规律性。站在科学发展的高度，遵循和把握城市建设规律，将建设与发展有机结合起来。正确处理城与业的关系，把聚集产业、聚集技术作为"三年上水平"的首要任务，加快产业集聚区建设，加快现代服务业发展，加快优秀人才集聚，形成独具优势的核心竞争力；正确处理城与人的关系，把以人为本作为"三年上水平"的根本取向，着力改善城市环境质量，优化城市生态环境，逐步改善群众居住条件，加强文体、娱乐等设施建设，大力实施便民工程，提高人民群众的幸福指数，实现城市发展与民生改善、素质提高同步推进；正确处理城与乡的关系，把以城带乡、统筹发展作为"三年上水平"的重要原则，统筹考虑城乡发展全局，注重城乡规划、产业调整、社会管理的有序衔接，推动城市基础设施向农村延伸，逐步实现基本公共服务均等化，加快城乡一体化发展进程。三是注重工作的关联性。把大变样、上水平、出品位三个阶段的不同要求统筹起来，抓住国家批准总规修改的机遇，注重巩固变化与提高水平相结合，谋划当前与着眼长远相结合，整体推进与重点突出相结合，做到相互衔接、互促互进，真正把上水平体现在规划、建设、管理上，体现在产业集聚、民生保障和城乡统筹上，体现在城市建设的功能、品位上，体现在发展环境和经济实力上，体现在干部能力和作风上，体现在社会文明程度与市民素质上。通过"三年上水平"的不懈努力，逐步打造出产业支撑优势突出、集散功能完备高效、自主创新能力雄厚、规划建设魅力彰显、自然生态环境良好、文化品质深厚独特的现代化城镇体系。

（作者系中共张家口市委书记）

"三年大变样"是统筹城镇化的总抓手

王晓东

省委、省政府实施城镇面貌三年大变样重大战略以来，张家口市按照全省的统一部署，紧紧围绕"五项基本目标"，以"治河蓄水、扩容改造、合理布局、工业外迁、增绿添彩、完善功能"为重点，实施了历史上规模最大、投资最多、力度最强的城市建设工程。通过三年的合力攻坚，圆满完成了城镇面貌三年大变样各项任务，城市框架全面拉开，城市功能明显提升，城镇面貌焕然一新，城镇化水平显著提升。三年来的工作实践使我们深刻体会到，城镇面貌三年大变样不仅是提升城市承载功能、加速城镇化进程的有效载体，也是统筹城乡发展、带动活跃经济社会发展全局的强力引擎；不仅是优化城市整体发展环境、打造区域发展高地的有力抓手，也是提升区域综合竞争力、打造新的竞争优势的重要战略举措，是一项基础性、全局性、战略性、系统性的工程，其意义和影响是十分重大和深远的。

推进"三年大变样"，促进发展是目的

城市是区域发展的龙头，城市建设是拉动经济社会发展的重要引擎。"三年大变样"的过程，实质是一个培育新的经济增长点的过程，一个提升城市综合竞争力的过程，一个促进发展方式转变的过程。其着眼点和落脚点都在"发

《》改造后的清水河

张家口市 Zhangjiakou Shi

展"上，不仅是城市本身的建设发展，更重要的是由城市带动的经济社会全面发展。

我市在推进"三年大变样"过程中，始终牢固树立"抓城建就是抓经济，抓城建就是抓发展"的理念，千方百计加大城建投入，城建投资占到同期城镇固定资产投资的90%以上，对经济增长的贡献率达到近70%。这一时期，全市经济在遭受国际金融危机的不利影响下，仍然保持了年均12%的较高增速，对稳定就业形势、稳定社会环境、稳定发展局面起到了至关重要的作用。与此同时，我们高度重视处理好"城"与"市"的关系，不仅注重"城"的形象建设，更加注重"市"的产业培育，坚持把发展现代服务业作为推动城市经济转型升级的主攻方向，按照"繁荣商贸经济、培强物流经济、拓展地产经济、发展总部经济、开发会展经济、做大教育经济、优化社区经济"的思路，在旧城改造中实施了金鼎国际商贸中心、武城街步行街、察哈尔世纪广场等一批重点商贸街区开发项目；在高新区规划建设行政办公区、中央商务区、金融服务区、高校集聚区等一批高端特色服务业功能分区，重点建设市会展中心、文化中心、体育中心、金融中心等一批重量级服务业基础设施，城市的发展质量、发展内涵、发展活力、发展潜力得到全面提升。

推进"三年大变样"，产业集聚是支撑

城市是产业的载体，产业发展离不开城市的要素供给和综合服务；产业是城市的骨架，城市的成长离不开产业的资源输送和实体支撑。只有把做城市与做产业密不可分地结合起来，以城市建设服务产业发展，以产业发展助推城市建设，形成城产互动、互利共生的发展格局，才能实现城镇面貌的快变样、大变样和持久变样。

在推进城镇面貌三年大变样中，我们坚持把加速主导产业发展与优化城市空间布局相结合，充分利用主城区周边浅山区的荒山、荒坡，规划建设了总规划面积140平方公里的西山、东山、望山、宣化北山、下花园玉带山五大产业集聚区和南山、商贸、空港、京西四大物流园区，并结合城市改造引导城区现有的32家重点工业企业搬迁到园区集中发展，利用园区良好的基础条件和发展

环境，乘势扩大生产规模、更新技术装备、提升综合竞争实力。同时，积极吸引新上企业到园区集聚发展，已累计有53家企业入驻园区，总投资达到303亿元，较好地发挥了园区在促进产业发展方面的"洼地效应"和"聚变效应"。在此基础上，大力实施"退二进三"战略，对城区企业搬迁置换出的土地进行商业开发，特别是利用"金角银边"积极发展商贸、餐饮、休闲、娱乐等现代服务业，壮大现代城市经济，进一步丰富了城市产业内涵。按照这一思路，我市各县区也立足自身资源条件和产业特色，在县城周边规划建设了华侨华人创业园、信息产业园、风电设备制造园等一批特色园区，为经济发展搭建起良好平台，使城市逐步发展成为汇聚各类资源的经济"高地"，区域经济的整体实力、活力和竞争力得到显著提升。

推进"三年大变样"，彰显特色是灵魂

特色是城市的生命。城市有个性和特色，才能有灵气和魅力，才能形成独特的气质、韵味和吸引力，进而上升为一种特殊的、持久的影响力、竞争力和生命力。城镇面貌三年大变样，必须坚持共性与个性相统一，依托城市建筑的有形载体，把城市的资源与环境、历史与文化、人文气质与时代追求巧妙结合起来，实现水乳交融、相得益彰的建设效果。

我市在推进"三年大变样"中，科学谋划确定了"北方山水园林生态宜居城市"的整体定位，着眼"显山露水"，大做山水文章，着力构筑城市"绿"系统和"水"系统。一方面，大力实施"增绿添彩"工程，绿化城区周边荒山91万亩，建成10大环城风景区，开辟40个公园；全面推进"规划建绿、拆墙透绿、除危还绿、见缝插绿、造景添绿、立体植绿"工程，城区绿化覆盖率达到40.45%，被省政府命名为"省级园林城市"。另一方面，大力治河蓄水，先后实施了23公里清水河、38.5公里洋河综合治理工程和占地2400亩的明湖公园工程，城区河道湖面蓄水总量达到950万立方米，形成以"两河"为主脉的生态水系，彻底告别了荒山秃岭、水竭河干的旧貌。在此基础上，将张家口特有的长城、军事、草原、蒙汉文化融入道路、园林、广场建筑中，营造浓郁厚重的地域文化氛围。"以河为脉、以山为骨、以绿为体、以文为魂"，成为张家口

独具的城市特色，城市的整体品位得到有效提升。

推进"三年大变样"，改善民生是根本

造福于民是城市建设的最终目的，也是"三年大变样"活动的宗旨所在。只有始终坚持以人为本，切实解决好群众最关心、最直接、最现实的利益问题，"三年大变样"活动才能被群众理解、认可、接受和支持，从而赢得坚实的民意基础，获得充沛的发展动力，实现最好的社会效果。

按照这一思路，我市从群众最关心的住房、取暖、供气、出行等生活热点问题入手，实施大规模的城中村改造、棚户区改造、旧小区改善、集中供热、集中供气、城区路网建设、背街小巷改造、供排水网更新等工程。三年来，共实施城中村、棚户区改造项目62个，改善旧小区110万平方米，竣工经济适用住房35.5万平方米，城市人均住房面积由2007年的22.5平方米增加到28平方米，集中供热率提高到65%以上，污水处理率达到87.5%，垃圾无害化处理率达到80%以上。城镇面貌三年大变样的过程，真正成为了一个让广大群众共享城市建设成果的过程，成为了一个普遍百姓不断得实惠的过程，群众的满意度、幸福度得到大幅提升。

推进"三年大变样"，干部作风是保证

"三年大变样"不仅是对城市有形建筑、外观风貌、形制格局的更新改造，更是对城市建设思路、经营机制、发展模式的根本创新；不仅是城市建设领域的一场大规模改造实践活动，更是涉及经济社会发展各层面、各领域的一次全方位变革。组织和推动这一宏伟的变革和实践活动，对各级干部的政治信念、思想观念、工作作风、综合能力都是一次严峻的考验，尤其是对各级干部驾驭复杂局面、破解复杂难题、强化落实执行、主动协作攻坚的能力提出了很高的标准和要求。

在这一过程中，我市以深入开展"干部作风建设年"、"三提升"（提升能力、提升标准、提升效率）等活动为载体，通过给任务、压担子，着力提升各级干部"驾驭全局、统筹协调、把握关键、突破难点、狠抓落实、履职尽

责、团结协作、合力攻坚"的"四种能力",收到了明显成效。三年来,市县四大班子领导带头学城建、研城建、干城建,靠前指挥、亲临一线、现场办公、解决难题;广大干部坚持"5+2"、"白加黑"工作法,倒排工期,挂图作战,以脱皮掉肉的精神倾心竭力推动城市建设,切实做到了"接受任务不讲条件,遇到困难不讲客观,完成任务拒绝理由";全市上下牢固树立"城建一盘棋"思想,以强烈的大局意识、责任意识、奉献意识,投身到"三年大变样"的艰苦实践中,苦干实干,攻坚克难,高质量、高标准、高效率地完成了"三年大变样"各项目标任务,为张家口科学发展、跨越赶超、建设强市名城奠定了坚实基础。

通过三年的艰苦努力,张家口城市建设实现了重大跨越。三年来,共实施城建重点工程2300多项,其中主城区1260项;累计完成城建投资1648亿元,其中主城区完成投资1000亿元;累计完成拆迁面积1205万平方米,其中主城区完成523万平方米。但总体上讲,张家口城镇化水平与建设京冀晋蒙交界区域中心城市的发展定位还不相适应,城市基础设施欠账较多的问题仍没有得到彻底解决,城市的服务功能和辐射能力还有待提高。我市将按照全省城镇建设三年上水平的总体部署,以建设京冀晋蒙交界区域中心城市和打造强市名城为目标,以推进"三项创建"(创建国家级园林城市、文化名城、河北人居环境城市)为载体,围绕完善"六个体系"(城镇结构体系、综合交通体系、生态环境体系、民生保障体系、产业支撑体系、城镇管理体系),进一步加快建设步伐,努力推动城市建设上水平、出品位、生财富、惠民生,打造中国北方山水园林生态宜居城市。

(作者系张家口市人民政府市长)

做足"水文章"
精心打造城市核心景观带

张家口市城镇化办公室

清水河作为城市季节性泄洪河流,是一条承载着张家口厚重历史的母亲河,河道自北向南纵贯整个张家口市区,全长109公里,其中流经市区23公里,河宽100—140米。过去,雨季一到,河水携泥夹石,咆哮而下;雨季过后,河床裸露,荒草丛生,垃圾堆砌,污水四溢,严重影响着城市环境,制约着城市发展。

为尽快恢复清水河流域水系,营造城市与水共生共长的和谐局面,近年来,张家口市把清水河治理作为提升城市品位,创造良好人居、投资环境的重点工程和头号"民心工程"来抓。特别是"三年大变样"工作实施以来,市委、市政府立足实际,提出要着力建设"以河为脉、以山为骨、以绿为本、以文为魂",独具特色,富有魅力的北方山水园林生态城市的发展思路,大气魄谋划,高起点设计,把清水河综合治理工程作为实现城市面貌三年大变样的点睛之笔,累计投入40多亿元,强力推进,收到了显著成效。使昔日的"龙须沟"变成了碧波荡漾的功能河、生态河、景观河,成了张家口市区最靓丽、最灵动的一道风景线。

综合治理，完善净化城河水系

在确保泄洪排涝这一基本功能的前提下，科学规划，对清水河城区段的23公里河道进行了综合治理。沿河共建成橡胶坝30座、拦沙坝11道，河道蓄水量达到了800万立方米，中心城区人均拥有量达到16立方米；蓄水总面积达到近300万平方米，水系宏大壮观。在此基础上，启动了全长38.5公里的洋河综合治理工程，总占地面积2400亩的明湖公园工程全面启动。目前，主体工程已竣工，1600亩的水面已完成蓄水。清水河、洋河两岸已逐步打造成经济、文化和生态走廊。对清水河上游100平方公里区域实施了水土保持、植被保护和封山育林综合管理，河道强制禁污，以确保清水河水体不受污染。

铺路架桥，构建畅通城河血脉

清水河穿城而过，将张家口自然分割为桥东、桥西两个区。为了有效缓解日益增大的交通压力，更好地沟通两岸，同时使以清水河为轴心的这条城市核心景观带流畅和谐，在对清水河进行大规模治理的同时，高水准推进了路、桥建设。按照"有路拓宽，无路开路；大幅度拓宽，高强度推进；河道治理到哪里，滨河之路就开通到哪里"的思路，三年来，累计投资5.5亿元沿清水河走向在河岸东、西两侧分别改造、建设了滨河路和清水河路，两条道路总长度42公里，红线宽30米，双向四车道，同时辅以便捷、连续的人行道。在此基础上，在清水河、洋河上新建、改建20座跨河大桥。其中，通泰大桥为世界上仅有的三座钢拱悬索异型斜拉大桥之一，代表了清水河跨河桥梁设计的全新理念，充分展现了设计的时代性和前瞻性。

立体设计，科学配置城河堤岸

将堤岸按照"林荫型、景观型、休闲型"和"乔为主、灌搭配、花点缀"的绿化理念，在上游堤岸营造4条绿化景观带，打造生态型滨河绿地，形成城市空间绿色主轴。目前四条景观带已加密种植各类苗木10多万余株（丛），新增草坪地被植物20多万平方米，安置花草100多万盆。滨河两岸景观绿地宽度达10米左右，两岸绿地面积累计达到60多万平方米。景观带增添雕塑、花架、组合

◎ 双虹桥

◎ 通泰桥

◎ 解放桥

◎ 商务桥

式拉膜亭及小品。下游11.6公里引入"软化"岸坡新理念，采用复式断面，拓宽两翼空间，缓坡栽植植物，把水、河道、堤岸与植物连为一体，建立相关元素互惠共存的河流生态系统，形成河畔植物景观走廊。"走廊"由北向南分为"户外健身段"、"人文休闲段"、"绿色休闲段"、"绿色体验段"、"绿色回归段"五个景观段，突出植物景观欣赏、植被恢复、生态涵养、绿地韵味，其中尤以河东连续的专类植物园最具特色。配合景观带的设置，在清水河两岸设计、建设了清河公园、滨河路戏水广场、东方红游园等20多个游园、广场及景观节点绿地，同时，根据河道走势修建了大量亲水平台，使人们可以从容地近水、亲水。

多式照明，系统亮化城河夜景

我们按照"以路灯亮化为基础，以沿街亮化为骨架，以河带亮化为纽带，以配套景点亮化为点缀"的思路，广泛应用风、光、电、磁等新技术及光导纤维、发光玻璃体等新材料，对清水河及周边进行了多层次、多样式的系统亮化。重点实施了河坝、护栏设置照明性亮化设施的改造升级，提高了河道亮度；依托岸边的展览馆文化广场、人民公园和大境门广场等主要文化活动区域，在重点河段河面设置了大型观赏性亮化景观设施，精心打造核心特色夜景空间，增添了滨河之夜的彩色靓点，特别是在展览馆文化广场段河道内建设了大型音乐喷泉；对所有跨河大桥实施功能性照明与桥体景观亮化相结合的亮化工程；采用泛光照明、轮廓照明、霓虹灯照明、自发光照明等多种形式，对沿岸60多座建筑物进行了亮化改造，使建筑物、构筑物造型特点得到了充分展示，此外，对沿岸商业门店标牌和广告牌全部使用霓虹灯进行了亮化。

穿衣戴帽，整治美化城河周边

为配合清水河景观带的打造，对周边环境进行了综合整治，并确定了三个重点。一是整治既有建筑物。对沿岸可视范围内高大、重要的建筑物，采取更换墙体装饰材料，或用幕墙结构重塑外形的方式进行高标准改造；对建筑质量较高的建筑物，采取清洗、粉刷、去污除垢等"洗脸式"整治措施，使立面

整洁一新；对建筑结构尚好、立面破损的建筑物，进行补修、清洗、粉刷，并对临街墙面晒衣架、遮阳（雨）篷、花架、空调架、钢（木）窗等进行统一改造、设计、翻新，通过"整容"，变杂乱无章为美观有序；对临河的临时、违章、有碍观瞻的建筑物，一律予以拆除。在整治中，凡予以保留的建筑特别是居民建筑一律进行平顶改坡顶或平顶改装饰处理，同时对建筑色彩进行统一规划，以浅灰、白色和偏暖色为主色调，尽可能地与清水河景色相融合。据统计，两年来，有关部门共对清水河沿岸的110多座建筑进行了改造；粉刷大楼150多座、80多万平方米；拆除有碍观瞻的建筑物近30万平方米，同时，完成拆墙透绿3.5万延米。二是整治广告牌匾。对清水河沿岸所有大型户外广告进行拆除，对所有商业门店门框、门柱及首层通透玻璃上张贴的各种宣传品、及时贴进行彻底清除，统一规范广告牌匾制式。三是整治"城市家具"。对在清水河

◎ 清水河沿岸景观

两岸设置的交通标志、果壳箱、邮政箱（筒）、座椅、供电配电箱、变压器、消火栓、路灯、井盖、井箅等公用附属设施进行统一规划，并设专人维护管理，使每一个细小环节都尽可能做到与清水河景观的协调一致。

点线延伸，重赋城河文化神韵

在清水河景观带的建设过程中，充分考虑与城市文化的衔接，沿河重点延伸、打造了两大文化广场。北端大境门文化广场依托标志性古建筑——大境门这张城市名片，突出"历史文脉"题材，致力于展现张家口历史悠久、多民族融合的长城文化、商贾文化和军事文化；地处城市核心区的展览馆文化广场，着力打造具有记载城市沿革、透视城市亮点、丰富文化生活、提高文化品位等综合功能的会展和文化活动中心，使之成为展示张家口改革开放、经济建设、社会进步、实现跨越式发展的窗口。

治理了一条河，提升了一座城。经过三年多时间的集中整治，"河中有水、堤上有绿、岸上有景、休闲其间"的清水河治理目标已基本实现，"河在城中流、城在岸上长，蓝天、碧水、远山和绿色城市交相辉映"的塞外滨水生态特色凸显，清水河这条生命之河，已经成为张家口市区一条独具魅力的核心景观带，成为串联起张垣历史渊源、深厚文化、美好未来的一条"珍珠链"，对于实现城镇面貌三年大变样目标，促进张家口向宜居、宜业、宜商、宜游的京冀晋蒙交界区域中心城市迈进起到了巨大的推动作用。

秦皇岛
QINHUANGDAO

◎倾心打造独具魅力的滨海之城
◎城镇建设三年结硕果　"三宜"滨海名城谱华章
◎坚持低碳生态理念　走具有自身特色的可持续发展之路

倾心打造独具魅力的滨海之城

中共秦皇岛市委　秦皇岛市人民政府

2008年以来，秦皇岛市委、市政府抢抓城镇建设的战略机遇，全面贯彻落实省委、省政府的决策部署，将城镇面貌三年大变样工作摆在加快城镇化、打造增长极、增强竞争力的战略高度，紧紧围绕经济繁荣、人居舒适两大核心，认真谋划、精心组织、周密部署、强力推进，倾力打造"宜居宜业宜游、富庶文明和谐"的独具魅力特色的新秦皇岛。

一、总体工作情况

三年来，累计实施城镇建设项目669个，完成投资370多亿元；省定五大基本目标、80个子目标总体完成，城镇化发展综合指数位居全省第二，城镇化率达到48.74%。

城市环境质量明显改善。城市污水处理率92.1%，城市生活垃圾无害化处理率100%，工业固体废物处置率90%以上；空气质量二级以上天数达到354天，建成区绿化覆盖率49.97%、绿地率46.97%，建成区人均公园面积19.9平方米，均大幅高于省考核指标。在全省城市环境综合整治定量考核中，连续4年位居第一。

城市承载能力显著提高。人均道路面积15.32平方米，建成区道路网密度6.6

公里/平方公里；每万人公交车拥有辆12.58标台，中心区公共交通线路网密度3.5公里/平方公里，公交线路不大于300米间隔站点覆盖率70%；排水管网密度14.67公里/平方公里，中水回用率29.1%；集中供热普及率81.5%；燃气普及率100%，管道天然气比重86.4%，均高于省考核指标。

城市居住条件大为改观。12个1万平方米以上棚户区（危陋住宅区）全部完成拆迁，95%完成建设；31个3万平方米以上旧住宅校区改善全部完成；新建建筑执行节能强制性标准比例97%，完成既有居住建筑供热计量改造107.83万平方米，均突破省考核目标要求。在全国287个地市中，秦皇岛生活质量排名第26位。

城市现代魅力日趋显现。完成山海关古城保护开发；实施人民广场、奥体中心、高速公路出口沿线、汤河水系等景观亮化；大规模推进城市主要街道两侧可视范围内既有建筑外观改造；建成秦皇大街、滨海大道等7条标志性景观道路和秦皇国际大酒店、玻璃博物馆等标志性建筑，以及北戴河保二路等标志性地段；新建北戴河湿地公园、秦皇植物园等综合性公园，有效增强了城市魅力。

城市管理水平大幅提升。完成秦皇岛火车站及周边片区、归堤寨片区等12个重点片区的城市设计，主要街道机械化清扫率达41%，建成集规划、建设、管理、应急指挥等于一体的数字城市综合信息平台，走在全省前列。

2008年以来，先后荣获中国十佳宜游城市、中国休闲生态旅游魅力之都、中国最美十大海滨城市、全国十大宜居城市、全国创建文明城市工作先进城市、中国最佳和谐发展城市、全国创建文明城市工作先进城市、全国首批成年人思想道德建设工作先进市等称号。

二、做法和措施

（一）立足实际，明确城镇面貌三年大变样工作思路

秦皇岛从市情实际出发，确定了城镇面貌三年大变样工作思路：紧紧围绕经济繁荣、人居舒适两大核心，统筹生产、生活、生态，优化城市空间布局，完善重大基础设施，加强生态环境保护，塑造滨海城市特色，以大建设带动大拆迁、促进大改造、实现大变样，力求实现"城市环境质量、承载能力、居住

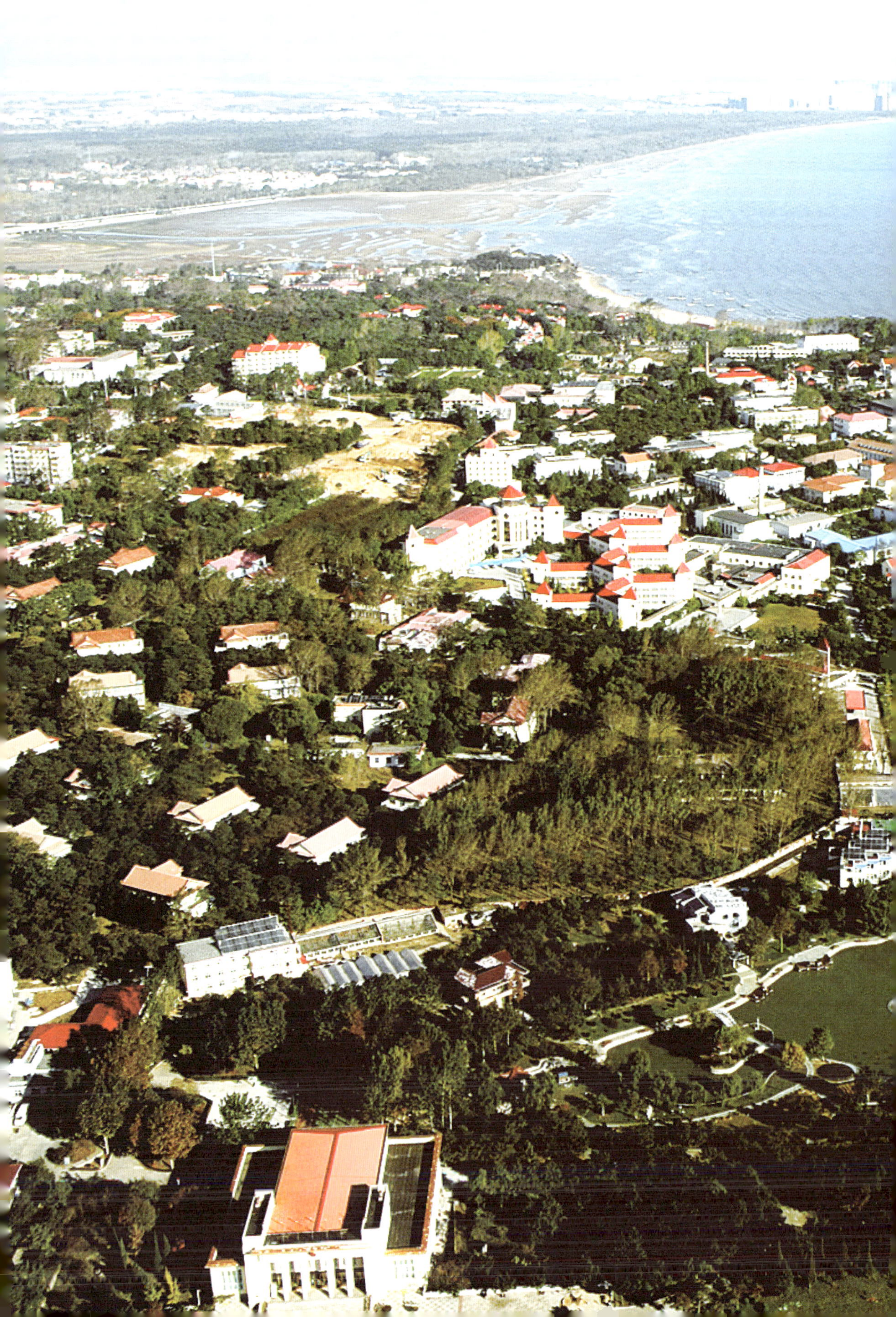

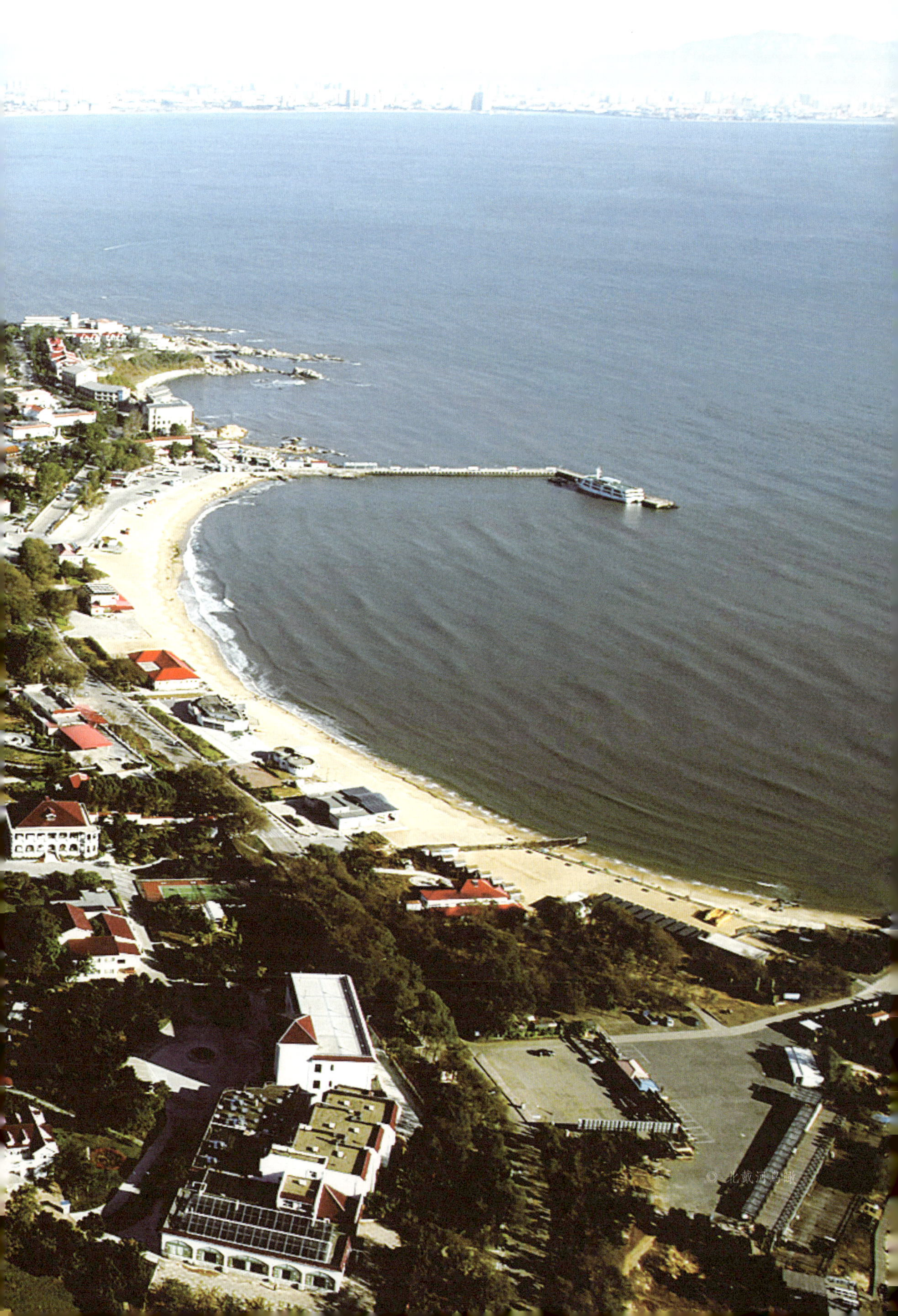

条件、现代魅力、管理水平"五大突破,为建设"宜居宜业宜游、富庶文明和谐"新秦皇岛奠定坚实基础。在推进过程中,做到了三个结合:一是与协办北京奥运会相结合。实施迎奥运"环境建设十大提升工程"和"城市建设十大精品工程",塑造了开放、文明、靓丽的崭新形象。二是与暑期服务保障相结合。把暑期作为检验城镇面貌三年大变样成效的重要平台,高标准、快节奏推动各项工作,确保城镇面貌年年有新进步、年年有新变化。三是与实施旅游立市战略相结合。按照"城区即景区"标准,加大城市区和县城规划设计、建设管理力度,加强市政基础设施建设,全面提升绿化、亮化、净化、美化、文化水平,为构建更为科学的现代产业体系搭建优势基础平台。

(二)突出重点,全面推进城镇面貌三年大变样工作任务

按照省委、省政府提出的五项基本目标,认真研究制定工作方案,着力在放大优势、破解瓶颈、完善功能、提升品位上下功夫,以重点工作的突破开创城镇面貌三年大变样工作新局面。一是优化城市战略布局。突出组团式城市空间布局特色,将四县纳入总体规划中,拉开城市发展大框架,构筑"6+2"城镇发展新格局。北戴河新区完成总体规划,并纳入省级发展战略,基础设施建设全面启动,抚南连接线、昌黄连接线顺利推进。启动实施西港东迁工程,优化岸线布局,完善港口功能,着力改善港城空间关系。二是加大拆迁改造力度。成片启动康乐里、金三角、火车站和范家店、西四村、归提寨以及北戴河杨各庄、抚宁牛头崖等片区开发建设。三年累计完成拆迁410万平方米,占既有建筑总量的12.6%;加上迎奥运完成的各类拆迁,累计完成拆迁达700万平方米,占既有建筑总量的21.5%。三是破解城市重大基础设施瓶颈。将公路、铁路、机场建设与城中村、老旧小区改造紧密结合,统筹规划、同步实施,着力构建现代综合交通体系。累计完成城市道路桥梁工程128项、106公里,新、改建农村公路1110公里。沿海高速建成通车,津秦客专、北戴河机场、承秦高速、城市西部快速路、秦抚快速路等工程开工建设,山海关港续建工程稳步推进。推进南(大寺)龙(家营)铁路改线、地方铁路迁改。加快热电联网大二期工程建设,新增供热面积800万平方米。启动北戴河西部水厂建设,长输管道天然气成功入市。四是着力提升城市品位。建成秦皇植物园、石河生态观光带、北戴河

生态观光园等绿地精品。实施秦皇大街、滨海大道、中海滩路以及汤河水系、山海堡立交桥等亮化工程。装饰沿街建筑物外立面265万平方米。规范设置广告牌匾。建成保二路、海宁路等多条特色精品街区。建成在水一方、中央胜境、玉龙湾、盛秦福地等一批高品质社区。具有滨海特色的新地标金梦海湾项目全面开工建设。五是加强生态环境建设。实施完成京沈高速、沿海高速绿化、山海关滨海森林公园等重点绿化工程，造林38.56万亩，森林覆盖率达41.98%。综合整治城市区六河、县域七河，打造城市生态廊道和亲水生态景观，建设"生态水城"。开展节能减排攻坚，实施"71030"工程。新建垃圾处理场3座，升级改造第二、第三污水处理厂，各县区污水处理厂全部建成使用。六是改善城乡人居环境。2008－2010年保障性安居工程建设任务全部落实。实行商品房和经济适用住房联建机制，建成经济适用住房123万平方米。在全省率先将廉租住房和经济适用住房保障条件并轨，为12680户低收入家庭提供了住房保障，人均15平方米以下低收入家庭100%享受廉租住房补贴。优化小区环境，改善旧住宅小区109片、380万平方米。七是推进城市管理创新。新建数字城市系统平台，城市管理向数字化、智能化迈进。明确界定市、区、街道、社区四级管理职能，推进城市管理和社区服务属地化、网格化、精细化。实施完成市政、园林、排水、污水、环卫体制改革。完善园林、市政、环卫等养护管理标准和办法，形成总体覆盖城管各领域的相关规范和39个作业管护标准。

（三）多措并举，强化城镇面貌三年大变样工作保障

大力弘扬协办北京奥运形成的工作精神，以决战必胜的姿态和信心，全力推进城镇面貌三年大变样工作。一是健全领导体系。成立市委、市政府主要领导挂帅的指挥部，各县区组建了主要领导任指挥长的综合协调办公室，形成自上而下、协调顺畅的领导体系和工作机制。二是狠抓责任落实。将省委、省政府确定5项基本目标分解为19个方面、53个细化目标和188个支撑项目，明确责任，层层落实；实施市级领导分包重点项目责任制，倒排工期、挂账督办。三是积极筹措资金。坚持政府主导与市场运作相结合，整合分散的投融资平台，组建秦皇岛城市发展投资控股集团；大力引进战略投资者，与香港嘉里、北京国华、中冶集团、恒大集团、万科集团等知名企业签订战略合作协议；推广

BOT、TOT等模式，吸引社会资金投入城市建设。四是加强调度指挥。多次召开全市性动员大会安排部署，市委常委会、党政联席会、市长办公会近30次专题研究；市委、市政府主要领导多次分批深入基层一线、逐县区对重点工作现场调度。五是强化督导考核。建立日报告、周例会、月调度、季通报制度，及时掌握工作进度，推进目标落实。把"三年大变样"工作专项纳入干部管理考核，与干部管理和年度业绩考核挂钩，严格奖罚。六是营造良好氛围。坚持正确的舆论导向，大力宣传"三年大变样"工作的重要意义和典型经验，充分调动干部群众的参与热情，发挥方方面面的积极因素，营造了人人关心大变样、人人支持大变样、人人参与大变样的浓厚氛围。

三、体会和今后的工作

总结"三年大变样"工作，主要有以下几点体会：一是"三年大变样"完全符合河北省、秦皇岛市经济发展阶段特征和现代化发展规律，是实践科学发展观的创新之举。二是"三年大变样"工作有效扩大了投资、拉动了内需，是应对复杂挑战、战胜国际金融危机冲击、保持经济平稳较快发展的重要途径。三是"三年大变样"工作让我们不断深化对市情的认识，确立并实施旅游立市战略，是探索走出一条富有自身特色城镇化之路的难得机遇。四是"三年大变样"工作既锻炼了队伍，也检验了能力，又形成了一整套行之有效的领导机制和管理模式，更健全完善了一系列城市规划建设管理的规章制度，是推进干事创业的重要平台。

城镇面貌三年大变样工作为今后上水平、出品位打下了良好基础。但我市城镇化进程还不均衡，县域城镇建设水平不高、基础设施不完善；全市大体量精品项目还不多，土地和城市空间等重大瓶颈依然存在，仍需攻坚破解。今后将认真总结经验，按照"三年大变样、三年上水平、三年出品位"的总体要求，与实施旅游立市百项工程、暑期重点项目相结合，以更大力度、更强举措、更坚决心，精心组织开展好"三年上水平"各项工作和重点工程建设，全面推进"宜居宜业宜游、富庶文明和谐"新秦皇岛建设，为加快科学发展、富民强市进程奠定更加坚实的基础。

城镇建设三年结硕果
"三宜"滨海名城谱华章

王三堂

秦皇岛坚持把"三年大变样"工作摆在经济社会发展全局重中之重的位置，围绕打造"宜居宜业宜游、富庶文明和谐"滨海名城的目标，高起点谋划、高标准要求、高水平建设，圆满完成省定5大基本目标、80个子目标，城镇化发展综合指数位居全省第二，城镇化率达到48.74%。被省委、省政府授予三年大变样工作进步奖，青龙满族自治县荣获"河北省城镇面貌三年大变样工作先进县"称号。总结三年来的成功实践，应当说，秦皇岛抓住了新一轮城镇化大发展的重要机遇，使这三年成为历史上城乡面貌和环境品质整体变化最大的时期。

一、高站位谋划思路，科学确定城市定位

围绕经济繁荣、人居舒适两大核心，统筹生产、生活、生态，全面对标一流，以大建设带动大拆迁、促进大改造、实现大变样，重点在城市环境质量、承载能力、居住条件、现代魅力、管理水平上实现突破，加快建设"宜居宜业宜游、富庶文明和谐"滨海名城，努力走出一条富有自身特色的城镇化发展之路。工作中注重做到了与协办北京奥运相结合，与暑期服务保障相结合，与实

施旅游立市战略相结合。

二、高标准完善功能，提高城市承载力

彰显组团串珠式城市空间布局特色，按照5A级景区标准抓好全市域城镇规划，拉开"6+2"城市发展大框架，放大优势、破解瓶颈、完善功能、提升品位，控详规覆盖率达到100%。坚持人文生态立区、新型高端业态兴区，开发建设北戴河新区，努力打造一流的旅游休闲度假目的地。启动实施一批重大基础设施项目，着力构建现代综合交通体系，沿海高速建成通车，津秦客专、北戴河机场、秦皇岛和北戴河火车站改造、承秦高速、城市西部快速路开工建设，山海关港续建工程扎实推进。累计完成城市道路桥梁工程128项、106公里，新改建农村公路1110公里。

三、高水平提升形象，着力改善城市面貌

注重旅游、文化、生态互动，成片推进城中村、老旧小区和重点片区改造建

设，累计完成拆迁700万平方米，占既有建筑总量的21.5%；建成滨海大道等7条标志性景观道路、玻璃博物馆等标志性建筑、北戴河保二路等标志性街区，北戴河街景整治在全省树立了品牌；实施主要干道、重要节点亮化工程，开展城市容貌整治和景观建设攻坚，装饰沿街建筑外立面265万平方米，建成北戴河湿地公园、石河生态观光带、秦皇植物园等绿地精品，花街花城建设初见成效。

四、高层次聚集产业，做大做强城市实力

确立并大力推进旅游立市战略，围绕"一中心三基地"产业定位，加快改造传统优势产业，培育壮大新兴产业，着力构建以旅游业为中心，高新技术产业为先导，先进制造业和现代服务业为支撑，现代农业集约发展的现代产业体系，打造国际旅游名城、全国现代服务业先行区、休闲文化产业之都、全国生态文明先行区，叫响"长城滨海画廊、四季休闲天堂"主题形象品牌。把园区作为城镇化与工业化互动发展的重要载体，借助城镇建设优化生产力布局，促进高端生产要素聚集，实施总投资270亿、198个项目的大水系、大林业、大交

◎ 滨海大道

通、大园区、大民生等统筹城乡一体化发展六大工程，经济实力进一步增强。

五、高品位优化生态环境，打造城市核心魅力

持续开展大规模、高层次的城乡造林绿化，累计造林49.28万亩，全市森林覆盖率达到41.98%。实施市区六河和县域七河水系治理，打造城市生态廊道和亲水景观。建成区绿化覆盖率49.97%，人均公共绿地面积19.9平方米，空气质量二级以上天数达到354天，生态环境品牌更加亮丽，"绿城、水城、生态之城"轮廓初显。开展节能减排攻坚，加大落后产能淘汰力度，新建垃圾处理场3座，在全省率先实现县区污水处理厂全覆盖，"十一五"确定的各项节能减排目标顺利完成。在国家城市环境综合整治定量考核中，连续四年位居全省首位。

六、高效率改善民生，切实增强城市幸福感

把保障和改善民生作为出发点、落脚点，在全省率先将廉租住房和经济适用住房保障条件并轨，实行商品房和经济适用房联建机制，全部落实三年保障性安居工程任务，人均15平方米以下低收入家庭100%享受廉租住房保障。完成109片、380万平方米棚户区和危旧小区改造。新开工建设农村新民居73个片区、197个村。推进属地化、网格化、精细化城市管理和社区服务，建成数字城市系统平台，被省确定为"数字化城管新模式试运行城市"。

"三年大变样"落下帷幕，"三年上水平"已经启程。未来三年恰逢"十二五"科学发展、转型升级的攻坚期，我们将坚持科学发展主题，把握加快转变经济发展方式主线，突出加快发展、加速转型双重任务，扎实推进新一轮更好更快发展，努力争当河北科学发展排头兵和展示形象的重要窗口。重中之重是抓好城镇建设三年上水平工作，按照统筹"三生"、打造"三宜"的理念，持续不断地加强城市规划建设，努力把秦皇岛建成全省"城市形象的样板区、开放创新的先导区、城乡一体的示范区"，成为"生态环境优美的最佳宜居城市、新型产业和高端人才富集的活力宜业城市、历史文化与滨海诗意相融合的休闲宜游城市"。

我们将紧紧围绕"上水平、出品位、生财富、惠民生",抢抓河北加快沿海地区开发建设、秦唐沧地区发展即将上升为国家战略和我市被确定为国家首批服务业综合改革试点、国家首批旅游综合改革试点等系列重大机遇,以旅游立市战略为统揽,以休闲城市服务管理标准化建设为契机,按照5A级景区标准规划建设管理全市域,突出以人为本、生态优先,塑造特色、彰显魅力,推动我市城镇化建设继续走在全省前列。

重点是谋划实施概算投资705亿元的城镇建设三年上水平"十大工程",即城市畅通工程、城市森林工程、城市碧水工程、新区建设工程、城市新装工程、城市保障工程、城市康居工程、产业聚集工程、文化建设工程和城镇提升工程。着力加快北戴河机场、津秦客专、承秦高速等重大交通基础设施建设,构建市域半小时和京津冀一小时交通圈;高标准规划建设北戴河新区,实质性推进西港东迁;新开工建设保障性住房7000套,新增廉租住房补贴2290户;力争开工投资50亿、百亿重大项目各6个以上,培育千亿元级产业聚集区和一批超百亿元级大型企业集团;推动抚宁、昌黎县城的同城化管理和发展,打造新的城市组团;争创国家环保模范城和国家森林城市。力争到2013年,实现"五个100%"、"三个提高"、"两个跃升"。"五个100%"即在城市生活垃圾无害化处理率、燃气普及率分别达100%的基础上,实现城市污水处理率100%,城市集中供热普及率100%,新建建筑执行节能强制性标准比例达到100%。"三个提高"即城镇化率提高到54%以上,森林覆盖率提高到43%,城市人均公共绿地面积提高到22平方米以上。"两个跃升"即城乡面貌有新跃升,实现新的更大变化;国际旅游名城建设有新跃升,迈出新的更大步伐。总之,我们将以更大力度、更强举措推动城镇建设三年上水平,努力把秦皇岛的明天建设得更加美好,以优异成绩向省委、省政府和全市人民交上一份满意答卷!

(作者系中共秦皇岛市委书记)

坚持低碳生态理念
走具有自身特色的可持续发展之路

朱浩文

低碳生态城市是一种以低污染、低排放、低能耗、高效能、高效率、高效益为目标的城市建设理念，体现了工业化、城市化与现代文明的交融与协调。大力推进低碳生态城市建设，既能满足我国城市化快速发展和经济社会可持续发展的需求，又能改变传统城市发展模式、有效降低资源消耗、谋求新兴竞争力。在全省城镇建设三年上水平工作中，秦皇岛作为河北沿海发展前沿和环渤海、环京津地区的重要城市，必须加快发展模式创新，力争在低碳生态城市建设方面走在全省乃至全国前列。

一、全域全方位规划，优化低碳生态城市建设布局

党的十七大指出，走中国特色城镇化道路，按照统筹城乡、布局合理、节约土地、功能完善、以大带小的原则，促进大中小城市和小城镇协调发展。因此，必须牢固树立一盘棋思想，统筹生产、生活、生态，变传统的自内而外单一推进为主的发展模式为内外并举、内外对接的双向发展模式，通过合理布局主城区、城镇带、小城镇，促进形成结构有序、功能互补、整体优化、共建共享的城市体系，逐步将二元空间结构演变为城乡融合的一体化空间布局，增强

集聚效应和辐射作用，引领低碳生态城市建设与发展。秦皇岛市域面积不大，生态环境优美，城市组团式布局特色鲜明，旅游龙头地位突出，产业呈三、二、一结构。针对这些市情，我们在规划中要注意把握好以下几个关键点：一是旅游立市。强化大旅游和综合性产业观念，立足环渤海、环京津，把全市域按照5A级景区来规划，全市、全年、全方位发展旅游，全产业融合旅游，切实以旅游业大发展带动需求、产业、生产要素、城乡区域等各方面战略性调整，整体打造国际旅游名城。二是生态优先。加强生态功能区划工作，根据资源环境承载力，确定重点开发区域、优化开发区域、限制开发区域和禁止开发区域，划定城市发展建设"红线"，维护生态安全，确保经济发展与生态环境相适应。三是组团发展。强化以绿色林带相隔离、快速交通相联系的带状组团布局的城市特色，全面拉开一主多辅、间疏有致的"6+2"城镇发展总体框架。合理布局小城镇、中心村，构筑"两带两轴"市域城镇体系空间结构。四是城乡统筹。以实施城镇建设上水平十大工程和农村新民居建设为契机，推进交通基础设施、公共服务设施和城市文明向农村延伸，扩容升级县城、重点镇，加快发展农村二、三产业，促进农村人口向城镇和中心村集中、产业向园区集中、耕地向规模经营集中。力争到2015年，更多的农民住进新民居，城乡面貌得到新的大幅改善提升。五是园区支撑。与新型城镇化相互协调、相互促进，在全市范围内优化产业布局，规划建设一批重点园区（产业聚集区），为各类产业提供集中集聚集约的发展平台。力争到2015年，培育主营业务收入超500亿元的产业聚集区2个以上，超千亿元的1个以上。

二、大力发展绿色产业，构建低碳生态城市经济增长方式

一个城市要实现可持续发展与繁荣，基础性的、根本性的支撑是产业。不断提高生产技术水平、推动产业结构优化升级，不仅是提高一个城市竞争能力、促进经济持续增长的根本要求，也是发展低碳经济的重要保证。对许多像秦皇岛这样经济总量不大、资源环境束缚明显的城市来说，通过发展具有自身特色的绿色产业，构建低碳生态经济增长方式，更是实现经济发展、城市品质提升、环境保护"多赢"的必然选择。当前和今后一个时期，我们要重点从这

样几个环节积极推进：一是找准产业定位。依据比较优势，围绕"一中心三基地"产业定位，加快打造以旅游业为中心、多元并举、共同发展的现代产业体系新格局。尤其要抓住我市被列为全国首批服务业综合改革和旅游综合改革双重试点机遇，以休闲、度假、健身旅游为龙头，加快发展总部经济、文化创意、服务外包、研发设计、数据产业等相关联的新型业态，建设全国现代服务业先行区。二是全面建设创新型城市。依托现有重点企业研发中心、重点实验室（工程技术中心）、高校等资源，实施创新主体推进、重点技术创新等十大工程，积极申列创建国家创新型城市试点，通过观念、体制、科技、文化等各方面创新，加快形成以自主创新为主导的增长结构、产业结构和企业结构，努力在国际国内分工和竞争中赢得更多发展主动权。三是深入开展与行业高端的"对标行动"。继续在技术装备、产品研发、经营管理、人才队伍等方面，逐项查找差距，制定追赶、跨越的路线图和时间表，尽快缩小与行业高端和强势企业的差距，增强产出优质或高附加值产品的能力，推动产业结构优化升级和发展方式转变。四是强力推进节能降耗。把节能环保评估和审查作为新建项目的强制性门槛和前置条件，把降能耗和减污染作为投资的准入门槛，严格实施"红线"管理，坚决禁止引进"三高一低"项目，坚定有序关停取缔小水泥、小造纸、小钢铁、小化工等落后产能。

三、紧紧抓住关键环节，培育低碳生态城市生活模式

城市生活需求是产业发展的重要动力，通过改变城市生活模式与能源需求，可以间接影响产业部门产品与服务的供给以及能源消耗与碳排放。因此，培育低碳生活模式，对于推动整个城市的低碳发展具有重要意义。结合国际经验以及城市发展趋势，有这样三个重点需要关注：一是建筑。发达国家建筑能耗几乎占到全社会能源消耗的一半，全球碳排放中有1/3来自建筑能源消耗。建筑节能是各种节能途径中潜力最大的，是缓解能源紧张最有效的措施之一。据预测，未来几年我国建筑能耗占全社会总能耗的比例将上升至40%。如果在单位面积建筑能耗上向发达国家看齐，比例会更高，将成为可持续发展的最大负担。因此，节能建筑是低碳生活之本，必须在建筑规划、设计、新建、改造

和使用过程中，广泛应用节能型技术、工艺、设备、材料和产品，合理使用各种能源，不断提高利用效率。近年来，秦皇岛市在这方面采取了许多措施，包括严格执行建筑节能65%设计标准，新建建筑节能强制性标准在验收阶段的执行率已经达到了95%；启动既有建筑围护结构、供热系统控制及计量、照明系统、配电系统等节能改造，取得明显成效，年均节约一次性能源约31万吨标煤，碳减排80.6万吨。我们要结合实际，加快建立完善的建筑节能标准体系，继续加强既有建筑节能改造，不断提高新建建筑节能标准实施率，确保秦皇岛市建筑节能工作再上台阶。二是交通。全球交通能源消耗已占到石油消费的一半，碳排放中有17.5%来自交通领域。交通能耗与私人机动车数量的快速增长以及城市公共交通的完善程度密切相关。目前，我国私人机动车数量正以前所未有的速度增长，仅我市2007－2009年就分别新增1.3万辆、1.5万辆、2.5万辆，2010年总数达到了12万辆以上，对能源、环境、交通本身的影响非常大。发展低碳交通，减少个人机动车辆使用，提倡步行、使用自行车与公共交通，已成为一项紧迫任务。近年来，秦皇岛市从自身特点出发，在城市道路建设上始终兼顾了公共交通、慢行交通的需要。特别是适应组团布局以及发展需要，优化交通路网布局，实施了城市西部快速路、秦抚快速路以及津秦客专、承秦高速等重要交通设施建设。今后，我们将继续坚持公交优先理念，积极谋划连接4个组团的轨道公交项目，努力缩短功能性交通出行距离，并积极倡导绿色出行方式，实现对交通品质的提升和碳排放的消减。三是信息化。信息技术的快速发展不仅带来了城市产业结构的更新，也缩短了郊区、农村与中心城市的空间距离，使人们的活动范围摆脱了时间和距离的限制，导致新的生产生活方式出现，促成新的城市空间结构产生。很多美国大型企业包括国内的一些企业，将总部搬到城市郊区或中小城市，通过信息化、网络化技术对分布在各地的分部进行管理。特别是信息技术与快速交通技术相结合，不仅有利于缓解城市交通拥挤、环境污染等问题，也使城市组团发展的优势更加明显。基于这样的考虑，我市要在光缆资源已覆盖全市域的基础上，加快城乡宽带通信网、数字电视网和新一代互联网建设，实现"三网融合"；加快基础设施智能化改造，推进经济社会各领域信息化，为建设智能城市打下坚实基础。

四、加强人文生态建设，塑造低碳生态城市品位魅力

任何城市，如果体现不出自己的最大特色，就不会有强烈的吸引力和永恒的魅力，就不会有可持续发展的活力和创造力。建设低碳生态城市，必须把自己最大的特色发扬好、传承好。虽然各城市的发展历史不同、文化积淀各异、自然禀赋千差万别，但只要把握好自身特质、文脉，就一定能够塑造城市品位魅力。对秦皇岛来说，最大的特色体现在人文、生态两个方面。从人文看，秦皇岛历史悠久，因公元前215年秦始皇东巡至此求仙而得名，拥有伯夷叔齐、姜女寻夫、汉武巡幸、魏武挥鞭、唐宗驻跸等众多历史传说，山海关、北戴河享誉海内外。新中国成立后，北戴河成为党和国家领导人暑期休疗办公地。从生态看，冬无严寒，夏无酷暑，气候宜人，拥有163公里优质海岸线，全市森林覆盖率达到41.98%，空气质量好于二级的天数在350天以上。近年来，我们坚持把人文作为城市底蕴来重点培育、生态作为城市魅力来重点打造，实施了山海关古城保护开发、北戴河保二路街景改造等工程，有效提升了城市文化品位；实施"绿色秦皇岛"建设，加强城市区六河、县域七河治理，打造了北戴河森林湿地、大汤河带状公园、秦皇植物园等精品工程，有效提升了城市形象魅力，得到各级领导和社会各界的充分肯定。当前和今后一个时期，围绕把我们的城市特色做大、品牌做强，一方面，要继续深入挖掘和传承特色文化，着力培育具有开放性、包容性的地域特色文化品牌和城市人文精神；促进文化与各产业的深度融合，加快发展以文化创意为核心的文化产业，力争文化产业增加值占地区生产总值比重达8%以上。另一方面，要持续不断地开展大规模、高层次的城乡造林绿化和生态景观建设，打造全国生态文明先行区和国家森林城市。特别是要坚持人文生态立区、新型高端业态兴区，加快北戴河新区开发建设，努力打造中国北方乃至世界一流的旅游休闲度假目的地、国家级旅游度假区和生态文明示范区，进一步构建"旅游+文化+生态"互动发展的大格局。

（作者系秦皇岛市人民政府市长）

廊坊
LANGFANG

◎一座年轻城市的梦想
◎以革命的思想打造一流的城市
◎"三年大变样"带动廊坊跃上发展快车道
◎抓规划　塑精品　景观整治创"金光道模式"

一座年轻城市的梦想

中共廊坊市委　廊坊市人民政府

2008年，一场以改变城市面貌，改善群众生活环境，提升产业承载力，促进经济可持续发展为主题的城市建设攻坚战，在廊坊全面打响。

1000多个日日夜夜，数万名建设者用心血和汗水浇灌着这座年轻的城市。民生保障、城区拓展、道路畅通、生态环保、功能提升、精品建设……1200多亿元资金投入"三年大变样"六大工程。路宽了，夜亮了，城靓了，人美了……在城市化茧成蝶的美丽蜕变中，一座宜居、宜业、宜商、宜游的生态休闲商务名城崛起在京津之间。

一座亮点频闪的城市

2010年5月17日晚，廊坊市国际饭店内，华灯璀璨，嘉宾云集，中国·廊坊国际经济贸易洽谈会在这里盛大开幕。京津走廊上的明珠——廊坊，迎来了第一次综合性国家级经贸盛会。

"只有廊坊这样高品位的城市，才能配得上高品质的国家级经贸盛会"，"APEC智慧城市智能产业高端会议在廊坊举办，实至名归"，"世博会'城市，让生活更美好'的主题，在这里得到了充分的体现"……与会嘉宾们由衷赞叹廊坊为全国中等城市建设提供了一个可供学习、借鉴的样本。

以现代城镇体系建设为目标，廊坊市大手笔规划拉开城市框架，大力度拆迁拓展城市空间，大规模建设完善城市功能。三年过去，廊坊城市建设亮点频闪。

坚持规划与拆迁并重，为城市科学发展、可持续发展奠定了基础、拓展了空间。着眼提升城市整体发展水平，廊坊市委托世界顶级规划建筑设计团队美国霍克公司以"生态、智能、休闲、商务"为城市定位，编制城市总规提升方案，被外方称为"廊坊案例"推入上海世博会未来城市馆展示。

全面打响大拆迁的攻坚战，为城市科学发展、可持续发展奠定了基础，拓展了空间。三年来，市区累计拆除650.19万平方米，腾出土地737.39万平方米，拆迁量占原有建筑总面积的24.3%；各县（市）城区累计拆除500.58万平方米，腾出土地773.63万平方米。

狠抓污染防治和园林绿化，城市环境质量不断改善。围绕"生态、智能、休闲、商务"的城市发展定位，不断加强环境治理和景观建设，城市环境进一步优化。三年来，廊坊市区新增绿化面积440.6万平方米，绿化覆盖率达46.53%，人均公共绿地面积12.71平方米，市区空气质量二级以上天数连年超过330天，成为京津之间的一座绿色生态城。

加大基础设施建设力度，城市承载能力不断提高。三年来，全市基础设施投资累计达到135亿元，实施了出入口改造、路网提升、交通便民、雨污分流等150余项重点工程建设。对28条街道进行了路网提升改造，打通了金光道、建设路、新开路等断头路，整治背街小巷34条，雨污分流、管线入地等工程也同步实施。

稳步推进"一保三改"工程，城市居住条件不断改观。廉租住房保障完成139%，筹集廉租住房完成108%，新开工廉租住房完成200%。经济适用房新开工完成100%，销售分配到户完成105%。城市改造强力推进，1.1万户居民从中受益。

大力实施景观整治，城市现代魅力不断增强。加快推进"一轴一廊两环八中心"功能框架，创造性挖掘和体现"大气、锐气、和气"的廊坊精神，努力构建"三点组团、轴廊串秀、环绿争春、龙凤来朝"的城市特色风骨。投资3亿元的金光道景观整治工程改造规划方案获得全省最佳，科学规划、匠心施工、讲求品位、多元融资的"金光道模式"在全省推广。

一座关爱百姓的城市

城市困难群众的住房问题，一直牵挂着廊坊市委、市政府主要领导的心。在对低收入家庭进行广泛调研的基础上，廊坊市逐步建立起"以廉租住房制度保障为主，以经济适用住房保障为辅，宜租则租、宜买则买"的住房保障体系。

把群众呼声作为党委、政府工作的"第一信号"。2009年春节前，居住在顺安街的两位居民致信市委书记赵世洪，反映顺安街脏乱差状况。看到来信，赵世洪立即责成市委督查室实地了解情况，很快顺安街整治全面展开：建设垃圾中转站、路面重新罩面、疏通下水管道、安装路灯……

"引导资金更多地投向群众迫切盼望的民生工程，让广大群众切身感受到'三年大变样'带来的实惠，让廊坊的规划和建设赢得全市人民的衷心拥护，推动我们的工作不仅在全省排名进位，更在百姓心中'进位'。"在很多次全市重要大会上，市委书记赵世洪、市长王爱民等主要领导都多次强调这样的观点。

把实事做到群众的心坎上，说起来容易，做起来却难。特别是拆迁改造工程，牵涉到老百姓的切身利益，做起来更难。2009年农历二月初二，廊坊市打响了建市以来最大规模的城市建设战役，占地3000多亩的光明片区改造工程全面启动。众多市民奔走相告，喜笑颜开；很多参加开工仪式的群众聚拢在开工现场的规划展板前，久久不愿离去。

光明片区是廊坊市城中村最集中、环境脏乱差、发展相对落后的区域，也是居住了廊坊市区最多困难群众、城市基础设施欠账最多的区域，部分拆迁户对能否早日回迁存在诸多顾虑。廊坊积极探索多种回迁安置渠道，将回迁安置与盘活存量结合起来，由政府出资购买了889套现房，专门用作安置回迁户——"人等房"变成了"房等人"，彻底消除了群众的后顾之忧，廊坊市委、市政府"把实事做到群众心坎上"的城市建设理念得到了最好的诠释。

在光明西道片区城中村和旧片区拆迁改造中，市政府将保证拆迁群众利益视为"第一目标",对开发商明确了回迁安置时限,并规定未按时完成回迁的,不能进行商品房销售,同时要求开发企业缴纳信誉保证金。

一座创新实干的城市

一千多个日日夜夜,市委、市政府带领各级各部门攻坚克难、苦干实干,以过硬举措和艰辛努力破除了诸多困难,圆满完成了各项任务。

加强组织领导,强力推进各项工作开展。"三年大变样"中,廊坊市始终保持一个清晰的思路、一个明确的目标、一套完善的措施和一抓到底的决心。紧紧围绕省委、省政府工作部署和各阶段工作重点,市领导亲自谋划、亲自部署、亲自动员、亲临一线现场指挥,在工程现场解决实际问题,发挥了重要的示范带头作用。

明确责任分工,提高各级各部门的执行能力。廊坊将全年工作任务逐一分解落实到市直相关部门和各县(市、区),主要领导亲自部署,亲自落实。各级各相关部门紧紧围绕任务分工,对本地本部门承担的任务进行细化、分解,制定详细的实施方案、工程进度和时间节点,形成了"一项工程、一名领导、一套班子、一个方案、一抓到底"的推进机制。

坚持政府主导,有效破解城建资金难题。着眼破解城市建设的资金瓶颈,廊坊对市城建投公司进行优化重组,提高了融资能力。积极建立新的投融资平台,新组建了市土地开发建设投资公司。目前,两家公司已累计融资100多亿元,满足了重点工程建设的资金需求。同时,还与7家域外金融机构签署战略合作协议,获得了500亿元以上的授信支持。

大力度拆迁,大手笔建设,大踏步改造提升。三年来,城镇面貌一点一滴发生变化的同时,廊坊人还记住了不少新名词:"金光道模式"、"廊坊效率"、"民生为本"、"全面对接"、"现房安置"……新思维、新理念、新机制不断涌现,彰显着"大气、锐气、和气"的新时期"廊坊精神",演绎着城市建设新的传奇。

一座大有希望的城市

2010年6月17日，上海世博会主题活动"旧金山周"在上海世博园城市最佳实践区开展。展区内，专门介绍"廊坊生态智能城市规划"的展板吸引了众多与会参观者的目光。作为美国霍克公司的最新研究成果，融"生态"与"智能"理念为一体的"廊坊生态智能城市规划"，在全球首度公开展示。

"廊坊生态智能城市规划，为中国城市实现生态智能化提供了一个很好的规划范本。"中国高科技产业化研究会特聘副理事长兼执行秘书长何孝瑛如是说。"'廊坊生态智能城市规划'不仅对中国，对世界而言都是第一个模板！"美国CW咨询集团总裁吴盈芝如此评价这个规划。

2010年7月2日，在廊坊市委、市政府办公楼的原址上，投资40亿元、总建筑面积60万平方米的廊坊万达广场城市综合体精品工程项目隆重开工。掌声雷动，礼花齐放，礼炮齐鸣，彩烟腾空，蓝天映衬下的万达广场工地成为欢乐的海洋。

◎ 廊坊人民公园

"今天，将是廊坊城市发展史上一个值得纪念的日子。"赵世洪说，这标志着廊坊以城镇面貌三年大变样为契机，不断提升、优化城市布局，不断完善城市功能，着力打造"一轴一廊两环八中心"城市新格局迈出实质性关键一步。

这是一幅宏伟的蓝图。在这幅宏伟蓝图下，廊坊开始系统地梳理主城区的功能和空间，打造中央休闲商务区，为"京津冀电子信息走廊、环渤海休闲商务中心"的发展定位提供强有力的支撑，大步踏上了科学发展、跨越发展的新征程。

以革命的思想打造一流的城市

赵世洪

廊坊的基本市情是"小城市、大农村",同时兼具区位、环境、后发三大优势,"三年大变样"正是加速廊坊城镇化进程的重大战略机遇,是推动廊坊崛起争先、实现破茧成蝶的根本途径。秉持加快完成廊坊城镇化的追赶补课和城市发展方式转变这一主旨,市委明确了在省内保持领先地位、在省考核中争得优秀、在大北京地区二线城市中占有先进地位的工作目标,坚持拆建结合、以建为主,内外兼修、表里俱进,兼收并蓄、形成特色的原则,真正质疑以前没有质疑过的东西,真正触及灵魂深处,舍得重金造一流、舍得让利求发展、舍得弃眼前谋长远,勇于打破旧框,发现并穷尽新形势下发展的可能性,以凤凰涅槃的革新精神打造一流城市。

科学规划可以最大限度降低城市发展的成本。只有以科学的高水平、高品位规划为先导,才能做到现在干事情将来不后悔,长期不落后
推进"三年大变样",必须把规划作为头等大事,努力在各种发展可能性中选择最优,防止建了又拆和不必要的重复建设等短视行为,努力实现建设和运行成本的最小化和经济社会效益的最大化。我们花重金优选国内外一流规划设计单位制定城镇发展规划,确保城镇建设不偏离科学发展轨道,不落后于时代潮

流。明确了"京津冀电子信息走廊，环渤海休闲商务中心"的发展定位，努力把廊坊打造成联结京津、独具特色的信息产业聚集区，综合信息化先行区，高水平休闲产业区和商务商业设施集群区。按照北中南三大区域板块理念，以廊坊主城区为重心，构建起"一体两翼"的城镇空间布局。提出并实施了主城区"一轴一廊两环八大中心"城市空间结构改造建设方案，与节水型环城水系、功能化环城绿地，共同构成大气舒朗、结构明晰、功能完善、特色突出的主框架。聘请美国HOK公司制定的以"生态、智能、休闲、商务"为核心的城市总规提升方案，在上海世博会城市最佳实践区展为"廊坊案例"，并作为亚洲唯一城市荣获2010年世界建筑界最高奖项——美国建筑协会优异奖，为廊坊未来城市在大北京地区城市分工竞争中确立了至少规划上不落后的领先地位。

拆迁是改变城市落后面貌的必经阵痛。只有把提高群众生活品质作为出发点和落脚点，通过拆旧建新根治城市顽疾，才能推动城市深层次大变样

在大多数人看来，廊坊是一座漂亮的新兴城市，建市晚、城市小、建筑新，大拆迁似乎没有必要。我们就是从这种旧思想拆起，深入挖掘影响城市可持续发展的内在问题，发现城中村、棚户区掩藏于高楼大厦之后，原住民居住条件落后，城市功能残缺分散。在当时的条件下，廊坊做新区最具条件、也更易出形象，但我们认为，让最广大的群众在"三年大变样"中受益才是应遵循的理念。为此，我们以大拆迁为居民生活水平提升破除障碍。秉持真正对百姓负责的态度，避虚就实、避轻就重、避易就难，启动了老城区城中村和棚户区改造工程。市区累计完成拆迁650万平方米，占既有建筑面积的1/4。为改变主城区长期自然发展造成的布局凌乱、功能分散、难以形成规模经济发展的问题，我们以高水平城市规划为先导，用大拆迁为城市高端发展开拓空间。围绕构建"一轴一廊两环八大中心"主城区主框架，我们对位于商业核心区的原市委、市政府办公楼进行了搬迁，在原址建设全国顶级水准的万达广场。在拆迁过程中，积极宣传发动群众，用共同的目标吸引群众，用切实的帮扶鼓励群众，用真正的表率带动群众，做好事让老百姓知道好，赢得了群众的理解和支持。

产业是城市可持续发展的不竭源泉。只有把发展的愿景落到实实在在的项目上，才能真正完善城市功能，提升城市的综合承载力

　　城市由"城"和"市"组成，"城"可以理解为城市，"市"可以理解为产业。离开了"市"单独发展"城"，城市就会成为无本之木、无源之水。城镇面貌三年大变样从表面看，是"城"的变化，但从根本上，更重要的是要发展"市"，提高城市的产出能力。我们在推进"三年大变样"的过程中，始终坚持把项目建设作为完善城市功能、提高城市竞争力和承载力的抓手，围绕"京津冀电子信息走廊、环渤海休闲商务中心"的城市定位，着力引进能为更大区域和市场服务的产业性和功能性项目，以此推动城市水平的提升。电子信息产业方面，华为中国片区总部成功落户，2010年实现税收13亿元；富士康研发中心及生产线加速向廊坊转移，2010年产值突破100亿元；投资98亿元的润

◎ 规划山

泽国际信息港成功落户正抓紧建设，发展第四代大型互联网数据存储及云计算中心，已与IBM、中国联通等国内外知名企业达成合作协议，打造中国北方"云中心"。在休闲产业方面，投资70亿元的超大规模国际化生态医疗健康基地——燕达医疗健康城建成运营；投资200亿元的国寿生态健康城项目集康体、养生、运动、旅游于一体，打造中国人寿养老养生产业旗舰；投资150亿元建设的奥特莱斯购物乐园，将打造中国第一家公园式休闲购物区；投资50亿元的万达广场、投资40亿元的苏宁广场将建设集休闲娱乐、高级购物中心、五星级酒店等于一体的大型城市综合体。在文化产业方面，由新奥集团投资200亿元建设的梦廊坊文化产业园将打造世界级大北京文化休闲商务区；投资150亿元的中国地质文化产业示范区，国土部专发文明确在国家"十二五"规划中予以支持；廊坊的千年古刹隆福寺重建工程奠基开工。在物流产业方面，由澳大利亚嘉民集团投资380亿元的嘉民物流商务园将建设一流商务及物流枢纽；投资50亿元香河（义乌）小商品交易物流中心项目将建设中国北方地区大规模的小商品集散中心，与浙江义乌形成遥相呼应，形成中国小商品市场南北格局。在金融产业方面，投资50亿元的中国北方金融产业后台服务基地落户廊坊，主要发展数据处理中心、清算中心、信用卡中心等业务；投资30亿元的安邦财险后援服务中心将建设定损中心、研发中心等12个后援智能中心。仅2010年，全市实施建设亿元以上项目810个，完成投资890亿元，其中高新技术、先进制造、现代服务类项目占到三分之二以上。这些项目在"生财富"的同时，提高了城市的综合承载力，提升了廊坊在大北京、京津冀甚至全国的城市地位。

有特色的城市才有个性和灵魂。只有深入挖掘、提升和渲染城市的内在气质和品质，才能打造出独具魅力的城市风骨

特色是一个城市审美价值的取向。推进廊坊城镇面貌大变样必须着力在"特"字上做好文章。深刻把握城市自然禀赋和文化底蕴，努力抓好物质与精神、外观与内涵的结合，把廊坊的自然景观、历史文脉、空间环境和建筑造型等要素融合、提炼、升华，探寻出一条独具廊坊风采的城镇发展之路。在打造廊坊城市特色中，本着处理好彰显历史与弘扬现代的关系，朝着既捕捉现代人眼球又能长久流传的方向努力，形成了廊坊自身特定的内涵和鲜活的特色，真正做到了以历史为魂、以现代为貌。以历史为魂，就是深入挖掘提升流传千年的"天降龙河凤河"美丽传说，结合廊坊悠久的历史文化，对能够见证历史的东西，有计划地进行保护性改造，为城市存照留念。以现代为貌，就是根据廊坊南有龙河、北有凤河外在表现，再与"大气、锐气、和气"廊坊精神珠联璧合，确定了以龙凤形象为表，以"大气、锐气、和气"为魂的"中国廊坊、龙凤呈祥"的特色城市标识。同时吸收现代技术，弘扬现代元素，把廊坊打造成为当代城市中富有个性、在城市建设史上存留记忆的城市。让外人记住廊坊之美，感受廊坊之魂，扬播廊坊之名，使廊坊在环渤海地区乃至更大坐标系中脱颖而出。

（作者系中共廊坊市委书记）

"三年大变样"带动廊坊跃上发展快车道

王爱民

"三年大变样"是省委、省政府作出的一项事关长远发展的重大决策。三年来,廊坊着眼于搭建高端发展平台,把"三年大变样"作为加快城镇化追赶补课和发展方式转变的历史性机遇和强力引擎,以空前的决心和力度加以推进,全面激活了城镇化对经济社会发展全局性、持久性的拉动作用。一方面直接优化环境、孵化项目、带动投资、产生财富,变成了看得见、摸得着、数得清的成果,另一方面,极大提升城市承载力、吸附力、影响力、凝聚力、竞争力,变成了难以用数字来衡量、难以用短期作用来评价、难以用一点一面的成效来概括的巨大无形财富和强劲动力。全市经济发展明显快起来、火起来,主要经济指标均三年翻番,财政收入、金融信贷、居民收入指标,从增速到总量全面跃居河北省前列,特别是经济质量和产业结构发生了质变,以充满后劲的空前态势步入了强势崛起的快车道。

一、生成增长新动力

对城市建设,人们往往存在着认识上的误区,以为城市建设就是花钱的事,意识不到城市建设巨大的拉动作用。我们体会,城镇化涵盖了人类实践活动的各个领域,其作用比工业化更持久、更具全局性。城建项目不仅是重要的投资项目，可以直接作用于经济增长，还紧密关联其他产业和经济社会发展的各个领域。三年来，廊坊大规模的城市建设生成了巨大的市场需求，促进经济总量实现了规模扩张。

"三年大变样"拉动起新城开发、旧城改造、市政设施等一系列项目投资，直接形成了投资需求和财政税收。三年实施150余项重点城建工程，市政基础设施建设投资160亿元，是前九年的总和；三年实现建筑业总产值740亿元，占同期GDP的20.9%。2010年地方一般预算收入增长52.8%，突破百亿大关，其中建筑业纳税同比增长85.4%，占到全市的28.7%，对税收增长的贡献率达到一半。在城市经济大发展的带动下，市本级和县本级财政收入占全部财政收入比重达到54.7%。

◎ 和平路带状公园

城建投资规模的扩大，吸纳了大量劳动力，有效增加了居民收入。三年来，全市新增就业岗位15万个，其中城建领域4.2万个，占28%；城建领域吸纳农村富余劳动力8.4万人，占全行业职工总数的72%。全市城镇居民人均可支配收入全省第一，农民人均纯收入全省第二，城乡居民储蓄余额从618.2亿元增加到1168亿元，百户拥有汽车22.7辆，实现翻两番，市民生活水平明显提升。

二、催生经济新业态

新型经济代表着一个地区经济发展的最高水平，也代表着区域经济的发展活力。相比传统经济，新型经济对城市平台的综合承载能力要求更高，对发展的环境更加挑剔。廊坊紧紧把握"三年大变样"的历史契机，摒弃"拆拆建建，修修补补"和就城建抓城建的思想，坚持解放思想、登高望远，把城市建设与再造发展新优势、打造经济发展新平台、拓展产业创新升级新空间结合起来，依靠三年奋斗，城市平台全面提升，经济发展活力迸发，催生了一批新兴经济业态，成为京津冀地区总部经济、金融服务、楼宇经济等新型经济发展的热土。

总部经济蓬勃兴起。廊坊毗邻京津、环境优美、交通发达、人才众多、成本低廉，不是京津、胜似京津，有着发展总部经济的优越条件。通过"三年大变样"，廊坊发展总部经济的条件更趋成熟，实现了总部经济的从无到有、从小到大、从想都不敢想到遍地开花。华为中国片区总部落户廊坊，成为我市纳税龙头。投资200亿元的韩国首尔园，将建设集总部经济、高端制造、金融保险等产业于一体的国际创业新城。投资160亿元的中远总部基地生态城，建设体验展示、总部集群、总部研发三大功能区。投资100亿元的永清京润新城，建设涵盖生态庄园、总部基地、星级酒店的新兴生态城。同时，万庄国际总部生态园等总部经济项目加快建设。

楼宇经济加快形成。"一幢楼胜似一条街"，"一幢楼相当于一个工业小区"，楼宇经济产生的巨大经济效益，已经在很多城市得到充分体现。如厦门思明区87幢大楼，入驻企业达5246家，2009年纳税25.7亿元，纳税过亿的"亿元楼"有5幢。上海浦东105幢大楼，2009年楼均纳税超6000万元。在"三年大变样"中，廊坊深入推进休闲商务城市建设，楼宇经济的载体、平台逐步建立，加速发展的时机基本成熟。目前，尚都金茂、交通大厦、天利得益、新华广场等一批大型商务楼宇拔地而起，在建的金属大厦、温州大厦、圣泰财富中心、廊坊壹号等楼宇即将投入使用，万达广场、苏宁广场和新世界广场等中国顶级品牌城市综合体加快实施。仅广阳区2000平方米以上的楼宇就有56座，规模较大的10座，建筑面积26万平方米，入驻企业251家，从业人员5000多人，年纳税4000余万元。

三、实现平台新提升

廊坊不愁发展，愁的是高端发展。在"三年大变样"过程中，廊坊始终坚持以科学发展观为指导，以敢为人先、敢作敢为的胆量和气魄打造支撑高端发展的城市平台。

一是敢于啃最硬的骨头，摒弃了小打小闹、修修补补的模式，下大决心、动大手笔。市委、市政府带头炸掉老旧办公楼，多年推不动的城中村改造在强大声势和深入细致工作中一举突破，困扰主城区发展多年的空间问题得到妥善解决，为重新描绘美好图画展开了新篇。

二是敢于担当、理性融资，破天荒地建立起融资平台，累计融资100多亿元，与7家域外金融机构签署战略合作协议，获得了500亿元以上的授信支持，满足了重点工程建设的资金需求。以第一桶金引来大量社会资金，筑巢引凤形成良性循环，城建投入从几个亿变成几百、上千亿。

三是敢于闯和试，率先同步推进新民居建设，高标准建设330个省级新民居示范村，谋划和启动47个新民居建设组团，整合了428个村街，让农民住进了新居，腾出土地组团建设现代化小城市，产业、就业、功能设施、城乡一体化得以整体破题深化，农村生产生活方式实现历史性转变。廊坊的新农村建设得到胡锦涛总书记的充分肯定。

四是敢于登高超前，放眼未来经济需求，导入生态、智能等先进理念，构建城市综合体等功能设施，对城市、产业和社会发展高标准统筹规划，抢先一步占领未来发展制高点。

通过"三年大变样",廊坊进入了城建史上投入最多、工程最多、声势最大、成效最为突出的阶段,真正实现了城乡面貌的大变样、城市平台的大提升,全市城市化率由44.6%提高到48.8%。

重大基础设施支撑力增强。三年来,我们高标准、大手笔实施了一批事关廊坊全局和长远的重大工程。南水北调、引黄入廊工程加快启动,建设三条入廊供水线路,谋划了广阳水库和大城、文安调蓄水库,廊涿干渠将于明年底通水,将有效缓解廊坊水资源危机。交通建设投资113亿元,新增公路通车里程5824公里,新增廊沧、密涿支线、大广、京台等5条高速公路,实现县县通高速。市县两级掀起路、水、电、气等基础设施建设高潮,为经济社会发展进一步奠定了基础。

园区成为重要增长极。这三年,既是廊坊城乡面貌大变样的三年,也是廊坊城乡建设理念大变革、大提升的三年。体现在园区上,就是既把园区作为工业生产之地、承载项目的良好平台,更作为人们享受生活的理想之所和特色鲜明、宜居宜业的未来新城,使园区的档次和水平均得到质的提升。目前,廊坊

◎ 改造后的光明西道

已有一个国家级开发区、一个国家级高新区，各县（市、区）均有省级园区，13个省级工业聚集区完成申报，省级以上园区数量和面积均居全省第一。河北廊坊新兴产业示范区起步区建设全面启动，中科廊坊科技谷成为全国一流的科技中试产业聚集区，环首都"四区六基地"建设顺利实施，清华科技园、临空经济区等重点园区加快推进。各类园区承载了一半以上的GDP和财政收入，成为产业提升、经济转型的有效平台。

京廊发展进入同城阶段。城市平台的大提升，使廊坊在京津廊一体化的价值链中占据了不可替代的位置，实现了与北京同城发展的历史性突破。北京轻轨L2线、M6线和大兴线为廊坊预留了对接条件；9条高速公路直通京津，京沪高速铁路在廊坊设站，把京廊距离缩短到20分钟；开通首都国际机场客运专线，大部分县（市、区）全部开通北京公交；目前正在积极筹划建设三条首都新机场快速通道。

四、带动民生新改善

人是城市文明的创造者，也是城市文明的享用者。廊坊始终以保障和改善民生作为"三年大变样"工作的出发点和落脚点，紧紧围绕张云川书记对城镇化建设提出的五项原则，全力打造经得起历史、群众和实践检验的"惠民工程"、"精品工程"、"百年工程"，以城镇建设推动民生改善。

生活环境更美了。坚持生态立市，持续实施"蓝天、碧水、净土、绿色、宁静"五大工程，实现县县有污水处理厂和垃圾处理场，市区累计新建改造提升游园92个，新增绿化面积440.6万平方米，绿化覆盖率达46.5%，人均公共绿地面积12.7平方米，空气质量二级以上天数连年超过330天，2010年达到344天，成为京津之间的一座绿色生态城。

居住条件更好了。投资16.3亿元为1.2万户家庭解决了住房困难，为52个旧小区的1.1万户居民进行旧改，为20个城中村、8个棚户区的8400余户村民安置新居，为6659户居民改善了生活环境。城镇居民人均居住面积从27.4平方米提高到30平方米，居住条件明显改善。

生活更便捷了。全市基础设施三年投入134亿元，创造了历史性高峰。重点实施了出入口改造、路网提升、交通便民等一系列工程，谋划建设了万达广场、广阳CBD等5个城市综合体项目，改造提升45条街道，整治39条背街小巷，打通了5条断头路，雨污分流、管线入地等工程也同步实施，群众的生活更加便捷。

城市功能更全了。建成了博物馆、图书馆、体育中心、文化中心等一大批精品文体设施，实施了龙河水系景观带、奥林匹克环城公园、植物园等精品地标工程，构建了"六廊九坊"、"融龙、汇凤、润景、观城"的大型滨水空间，城市文化消费、休闲娱乐、教育医疗等各项全面推进，满足人民群众生活需要的能力大幅提升。

目前，廊坊整体发展呈现出强劲的活力和势头，面临着京冀合作加快、环首都经济圈建设、京廊同城发展等一系列重大机遇。我们将以更大的决心、更大的力度，紧紧把握难得机遇，全面落实省委、省政府各项部署，全力推进城市建设三年上水平，以城市综合承载力的大提升，促进经济社会发展的新飞跃，努力把廊坊建设成为城乡形态优美、产业支撑有力、功能配套完善、体制机制顺畅、充满发展活力、繁荣舒适、城乡一体的现代化城市。

（作者系廊坊市人民政府市长）

◎ 蓝水湾

廊坊 Langfang Shi

抓规划 塑精品
景观整治创"金光道模式"

廊坊市城镇面貌三年大变样办公室

在街道既有建筑改造和景观环境整治中，廊坊市始终坚持"科学实用、突出特色、以人为本"的理念，把街道既有建筑改造和景观整治作为塑造城市形象、提升人气指数、巩固建设成果的重要内容来抓，突出规划先行、塑造精品的思路，注重落实环保、节能、生态等各方面要求，重点处理好道路交叉点、重点建筑物等关键环节的规划设计和建设，努力展现"现代、精致"的城市建筑特色和"秩序、和谐"的城市开放空间，打造了以金光道为代表的精品示范工程，探索和建立了规划设计、资金投入、组织协调等一系列工作机制，创造了街道景观整治的新模式。2008年3月29日，在我市召开的全省城镇面貌三年大变样现场调度暨城市景观环境整治专题会议上，金光道景观环境改造得到了与会领导和专家的高度评价，其规划设计思路和运作实施办法被与会领导称为"金光道模式"。

科学规划 系统推进

规划是城市建设和发展的龙头。为切实把既有建筑改造和街道整治工作抓出成效，廊坊市制定了《关于城市主要街道两侧既有建筑外观改造和街道景观环境整治的实施方案》，按照"先规划后建设、先设计后施工"的思路，遵循"整体控制"与"局部深化"相结合的原则，坚持"以人为本"、突出"美观、安全、经济、节能、环保"的理念，展现城市特色，体现建筑风格。为切实提升规划设计的档次和水平，坚持开门搞规划，先后委托天津元正建筑设计咨询有限公司、中国建筑设计研究院、中国城市建设研究院、北京都市元素建筑设计公司等设计单位编制完成了既有建筑改造及景观环境整治规划，同时编制完成了《廊坊市既有建筑综合整修设计导则》和住宅平改坡标准立面图。为充分体现和尊重民意，廊坊及时将规划设计方案进行公布，确保了规划的开放性。金光道景观环境改造规划方案获得了全省最佳。在金光道整治工程推进过程中，按照"先地下后地上、先局部后整体"的思路，集中开展了道路改造、园林绿化、立面整修、夜景亮化、牌匾整治、线缆入地等综合整治提升工程。在工程施工中，形成了由"三年大变样"办公室统筹协调，各责任单位系统推进的工作格局，确保了整体工程一个调、一盘棋，形成了强大合力。

精心设计　匠心施工

廊坊市以打造"百年城市"为目标，高起点、大手笔抓好金光道景观整治建设，力求做到精雕细刻、精益求精。在城市特色塑造上，坚持"统筹性与协调性、独特性与多样性、前瞻性与适用性"相结合，注重景观效果、质量安全和技术经济分析，充分利用建筑节能和环保的新技术、新材料。比如屋顶处理方面，对六层以下的住宅及部分办公建筑进行平改坡设计，坡屋顶的形式、材质、色彩在整体协调的基础上，统一参照《廊坊市既有建筑综合整修设计导则》和住宅平改坡三段式标准立面图进行改造，力求多样化，突出个性化。墙身处理方面，按照整治级别对既有建筑外立面进行外装、粉刷或清洗，对阳台、雨水管、空调外机位置等进行统一处理，临街住宅楼一、二层设置的防护栏必须安装在窗内侧。工程实施方面，重点对建筑材料的选定、颜色和灯光亮化效果等严格审核把关。针对公共卫生间、报刊亭、公交站亭、休闲座椅、垃圾箱等街道配套设施，就选址、样式、大小等与设计单位和相关部门实地勘踏，统筹规划了电力箱、路灯箱位置及架空线缆入地区域，充分考虑道路交叉

◎ 改造后的金光道

口渠化设计、港湾式停车站及路名标志牌位置，各项工作按照布局合理、设计精美、精益求精、人性化考虑的原则进行施工建设。工程质量方面，工程指挥部专门成立由7人组成的检测组，对31000块用砖逐一进行了强度、放射性、耐磨性等相关技术检测。制定了《金光道景观综合整治既有建筑物改造工程安全监督方案》，组成专门工作组进行全天候巡查督导，严把施工安全和质量监督验收关口。

讲究品位　注重和谐

围绕提升城市品位，着力在优化街道环境、完善功能上下功夫，提升绿化和景观层次及公共设施水平，形成人与车、建筑与景观的和谐统一。在优化交通系统方面，突出解决沿街道路两侧重要公共建筑、机关单位出入口、停车等交通问题，增加辅路系统和平面渠化交通。注意处理好机动车、自行车、行人之间的关系，形成"以人为本"的街道空间环境。在公共设施配置方面，从满足人的心理和生理要求出发，对家具小品、灯具、树种、铺装等配套公共设施进行统一的设计，提出标准导则。在道路景观绿化方面，突出抓生态和谐。在金光道景观环境改造中，将所有需要挪移的大树全部整体移植到其他道路或公园。同时，引进大叶黄杨、金叶女贞等优质树种，打造乔、灌、草相结合的立体绿化格局，营造更加和谐、更加温馨、更加宜人的生态景观环境。在建筑物立面改造方面，根据现状建筑质量、外观条件，立面整治分为三个级别，即保留清洗、立面整治、重点改造。对新建的建筑，予以保留；对建筑质量尚好的建筑，采取清洗、去污除垢的整治措施，实施空调机对位加罩；对立面有一定破损、建筑色彩不符合街道整体效果的进行整治改造，按照建筑性质重新进行粉刷。对临街建筑的遮阳蓬、空调架、钢窗等设施，统一进行设计、翻新，对广告牌匾统一进行规划整治。对重要公共建筑、交叉路口建筑，以及影响城市景观的建筑，按照整体街道风格统一进行设计和改造。

领导挂帅　组织严密

街道景观整治是一项系统工程，涉及单位多、范围广、实施难度大，只有形成统一有序的协调组织体系，加大对景观综合整治工程的指挥和协调力度，才能顺利推进。廊坊市把加强对工程的领导作为关键环节，成立了以副市长为指挥长，各主要责任单位一把手为副指挥长的金光道景观综合整治工程指挥部，负责指挥、协调、调度、督导各项工作进度，确保各项工作顺利推进。指挥部下设线缆设施、道路工程、既有建筑整治、交通及公共设施、资金调度、综合督导、工程验收等9个工作组，既分工负责，又相互配合，确保工程快速有序展开。在此基础上，围绕把好工程质量关，组成了质量、安全、图审、招投标、监理等24个督导小组，实施一线督导、现场办公和专题调度，全面加强现场指导和质量监管，及时排解难题，为金光道景观整治提供了强大组织保障。

多方参与　多元融资

打造精品示范街，投入是关键。金光道景观环境整治工程涉及11万平方米道路罩面、2.1万平方米便道铺装，4条道路交叉口渠化、16个港湾式停车站建设，33栋行政机关办公楼及30栋沿街住宅楼平改坡及"穿衣戴帽"，新绿化面积5万平方米，需要大量的资金投入。廊坊市采取政府投一部分，社会筹一部分，各产权单位集一部分的方式，有效破解了资金投入问题。工程启动前期，市政府加大投入力度，财政投入资金7000余万元专项用于金光道景观整治工程。同时，采取社会化运作的方式，发挥廊坊市城市建设投资开发公司的融资作用，拓宽投融资渠道，广泛吸纳社会投资，为金光道改造工程输血。在此基础上，积极动员沿街中省直单位、各产权单位主动服从城市建设大局，不讲条件讲奉献，局部利益服从整体利益，按照全市统一规划要求，做好本单位沿街整治工作，有力支持了工程建设。金光道景观整治工程自2008年10月1日开工建设，共计投入资金2.3亿元，成为我市街道景观整治投入最大、融资最快的工程。

创新体制　引领示范

金光道景观整治工程启动之初，廊坊市委、市政府就将其作为我市街道既有建筑改造和景观环境整治的样板工程，高起点谋划、高标准设计、高水平实施，注重积累和总结工作经验，为今后街道整治工作引领示范。在实践过程中，初步建立和形成了三项工作体制机制。一是规划机制。牢固树立"规划即法、执法如山"理念，一张蓝图绘到底，保持规划的刚性。坚持开门搞规划，把"三年大变样"纳入城市发展整体规划当中，邀请国内外顶级设计公司参与城市规划设计，提高规划水准。二是资金投入机制。街道景观整治涉及拆迁、改造、道路及绿化亮化等各项工程，资金需求巨大，仅靠政府投入远远不足。为此，廊坊积极探索城市建设市场化运作方式，为城市建设提供源源动力。三是组织协调机制。探索建立了以市级领导挂帅、各责任单位一把手参加的工程指挥体系和一整套工程设计、施工、监管、验收的工作流程，保证工程整体推进。

保定
BAODING

◎狠抓大水系大交通大城市建设　提升历史文化名城品位
◎一个统领　两个品牌　三大建设　四项创新
全力推进城镇面貌三年大变样
◎古城染翠正其时
◎"情"字当先　和谐拆迁

狠抓大水系大交通大城市建设
提升历史文化名城品位

中共保定市委　保定市人民政府

省委、省政府城镇面貌三年大变样重大决策实施以来，保定市把推进城镇面貌三年大变样作为事关全局、重中之重的战略任务，将其作为推进城镇化进程的重要抓手，以提升城市品位为统揽，以实现"五项基本目标"为核心，抢抓机遇，乘势而上，以"腾笼换鸟"的理念、"壮士断臂"的决心，组织发动党政机关、企事业单位、社区、农村齐上阵，带动社会各领域、各阶层共同参与，城镇面貌三年大变样工作取得了突破性进展。

一、精心谋划，科学组织，各项工作取得了显著成绩

加强领导，制定措施，落实责任，强力推进。市委、市政府成立了专门机构，"三年大变样"指挥部由市委书记宋太平任政委，市长李谦任总指挥，常务副市长马誉峰、主管副市长赵常福任副总指挥，市委、市政府督查室，市政府各部门一把手为成员，对全市的"三年大变样"工作进行总牵头、总协调。同时，通过市委常委会、市四大班子联席会、市长办公会、市政府常务会等不同层面的会议，对"三年大变样"的工作思路、重点项目进行反复谋划论证，通过不同形式进行安排部署，有效保证了"三年大变样"的工作成效。

（一）城市环境质量明显改善

我市把改善城市环境质量放在首位，以减排治污绿化为重点，集中开展了"四大行动"：一是"蓝天行动"。取缔分散燃煤锅炉，推广集中供热和清洁能源。2008年以来，市区共拆除废弃烟囱44根，取缔拆除改造燃煤锅炉550台，全年空气质量达到和好于二级以上天数逐年上升，从2007的305天上升到2008的312天，2009年达到了331天。二是"碧水行动"。对饮用水源地周边及上游所有工业企业进行综合整治，集中式饮用水水源地水质达标率100%。开展了"引水入市，穿府济淀"的大水系工程，2009年9月实现了清水入市，护城河还清。三是"减排行动"。在市区建成投运三座污水处理厂，城市污水处理率达到89.88%，超过省定标准。2009年环境统计显示，我市危险废物处置率达到100%，工业固体废物处置利用率达到99.2%，48家国控和省控重点企业均达到了国家和省相关排放标准。四是"增绿行动"。建成区共植树500多万株，绿化覆盖面积达到5357.53公顷，绿化覆盖率达到44.39%；绿地面积达到4587.57公顷，绿地率达到38.5%，人均公园绿地面积达到13.25平方米，三项绿化指标全部具备了申报国家园林城市的条件。

（二）城市承载能力显著提高

我市以提高城市的承载能力为核心，借"三年大变样"之势，以完善城市功能、加强基础设施建设为重点，大手笔实施以"三大建设"为中心的城建重点项目，城市功能不断完善和强化。三年来，围绕"三大建设"谋划实施了116项重点项目，完成投资996亿元，一是"大水系"建设有新进展。在全省率先实现主城区雨污分流全覆盖，南线引水工程顺利竣工，两库连通将近尾声，西水东调基本完工，穿府补淀加紧进行。二是"大交通"建设有新成绩。高速公路建设实现了"三个桥梁之最"：建成了全省最大的城市立交——电谷立交桥、华北第一高桥——保阜高速黑崖沟大桥、全国最大的T型钢构转体立交桥——跨京广高速立交桥；"三纵四横一环"高速路网格局初步形成，通车里程超过1200公里，成为全省高速公路最多、路网密度最大的地区；城市路网建设方面，断头路逐步打通，市区路网二、三环"闭合工程"加快推进。三是"大城市"建设有新突破。通过"一城三星一淀"大城市规划，对清苑、徐水、满

◎ 保定市貌

保定
Baoding Shi

城、安新实施按区管理,拉大了城市框架。主城区发展空间由原来的312平方公里扩大到3290平方公里,空间拓展了10倍多。城市供水、燃气、集中供热普及率分别达到100%、99.2%和81%。城市承载力的提高,增强了城市生产要素集聚能力和综合竞争力,对引导产业发展,拉动投资起到了支撑性作用。

(三)城市居住条件大为改观

我市把改善城市居住条件作为解决民生问题的头等大事,多渠道推进。一是实施了府河、西大园和清真寺"三大片区" 150万平方米的危陋住宅改造,拆迁工作已近尾声,回迁房建设全部开工。二是保障性安居工程建设强力推进。共筹集廉租房4209套、经济适用房7022套,完成城市棚户区拆迁改造49.38万平方米,国有林区棚户区改造和农村危房改造扎实推进,保障贫困家庭6000多户。三是危旧陋住宅改建全面展开。市区对19个危陋住宅区实施了改建,涉及拆迁住宅面积110万平方米,目前已完成拆迁106万平方米,安置居民19218户,其中低收入住房困难家庭7874户。四是城中村改造进展顺利。市区完成了23个城中村的拆迁,累计拆除建筑186万平方米,涉及居民6804户,完成回迁房建设90万平方米。

(四)现代城市魅力初步显现

我市把打造现代城市魅力作为"三年大变样"中的重要内容,一是抓住文脉,提升文化品位。重点实施裕华路仿古步行街、西大街整治、修缮复建淮军公所和古城墙保护修缮等工程,古城风韵逐步彰显。二是塑造个性,建设精品工程。电谷锦江国际酒店、香江好天地相继建成,万博广场、新燕赵商务广场、交通物流中心等一批地标性建筑加快建设,城市现代魅力日益凸显。三是体现特色,推进外观整治。对东风路、七一路等12条主要街道进行了既有建筑外观改造和街道景观环境整治,对市区繁华地段4座过街天桥进行修复,城市面貌焕然一新。四是彰显活力,实施夜景亮化。重点实施东风路、裕华路、朝阳大街"三路",军校广场、竞秀公园、东风公园"三园"和护城河内环水系亮化升级改造工程,夜色中的保定美轮美奂。

(五)城市管理水平大幅提升

我市坚持建设与管理并重,不断加强和改进城市管理。一是严格实行城市建设规划。扎实开展城市规划设计集中攻坚行动,四大类34个专项规划编制工作全部完成,在全国率先实现城乡规划统筹;二是重点推进城市管理制度化。"网格化"、"数字化"城管扎实推进,"两级政府、三级管理、四级落实"的管理体制基本形成;广告审批、设计、建设走上了制度化、规范化轨道;无证经营、店外经营、噪声污染、私搭乱建、乱贴乱挂、车辆乱停乱放现象得到有效遏制;三是引导社会力量参与城市管理,增强社会自我管理的能力。通过开展"城市面貌大变样,市民素质大提高"等主题教育实践活动,发挥全社会的主动性、积极性和聪明才智,提高全社会参与城市管理的水平和效率。

二、转变思路,扭住重点,整体工作推进得扎实有力

针对保定市历史悠久,旧城区改造难度大、财力不足,新城区建设受制约的现实,我市立足实际、理顺思路、明确重点,实现了以点带面,有序推进。

(一)围绕提升品位,明确主攻方向

按照省委、省政府总体部署,市委市政府确立了"大力提升保定品位"这个灵魂。制定出台了《关于大力提升保定城市品位的实施意见》,明确了四大主攻方向:一是突出古城特色。落实历史文化名城保护规划,保护城市历史,延续城市记忆,延展城市文脉。重点推进裕华路仿古步行街、西大街整治、总督署西路及光园修复、修缮复建淮军公所及周边片区改造和古城墙保护修缮等工程,建设特色街区,聚集壮大一批"老字号"。重塑"明清风貌、灰墙黛瓦、书院衙署、槐柳荷花"的古城形象。二是彰显文化魅力。充分挖掘和利用历史文化资源,重点推进历史文化名人苑、关汉卿大剧院、文体中心等项目建设,增强城市文化魅力,彰显城市独特个性。三是打造山水城市。实施大水系建设,加快两库连通和北线引水工程建设,综合整治市区防洪堤,实现"水清、岸净、有景、路通",再现清水绕城历史风貌。建设七一路西延、白洋淀大道,依托满城陵山、抱阳山和一亩泉等生态资源,构筑山区生态绿色屏障,打造西依太行山、东临白洋淀、中间水相连的山水城市。四是建设低碳保定。按照"一城三星一淀"大城市建设要求,加快城市建设,完善城市功能,增强承载能力,建设宜居城市。推进节能减排攻坚,加快两场建设步伐,加快发展低碳产业,

190 | 精彩蝶变

◎ 国家级可再生能源建筑示范工程——保定市电谷锦江酒店

创建国家森林城市，发展绿色农业、低碳服务业，形成低碳产业支撑体系。

（二）针对本地实际，转变城建理念

一是连片打造，组团开发。通过整体规划设计、大片区拆迁改造、成规模开发建设，彻底改变城市面貌，提升城市品位。拆迁工作由"打点"向"扫片"转变，对府河、西大园和清真寺"三大片区"，集中拆除144万平方米危陋住宅，争取用3-5年时间，对市区300万平方米危陋住宅区全部进行改造，使住房困难群众的居住条件得到全面改善，彻底改变落后面貌，提升城市品位。二是品位第一，以人为本。城市建设"做减法"，好字当头，"减"房子，"加"环境，"加"功能，在提高城市形象、品位和档次上做文章。重点解决零星插建、配套不全、重复建设、品位不高和环境不好的问题，建设品质高、功能全、环境好的精品社区。老城区依托古文化遗存的保护修缮和复古整治，折射历史底蕴，彰显古城特色；新城区以精品工程为重点，建设现代标志性建筑，彰显现代气息，打造地标型城市名片。三是统筹建设，协调推进。统筹解决城市基础设施建设过程中重点、难点问题，统筹规划、循序推进、协调联动、同步建设。四是突出特色，彰显个性。保护好古城历史文化，体现文化特色；让城市形成个性，改变"千城一面"问题，体现建筑特色；景观建设与建筑风格协调一致，增加绿量，调整结构，把绿化和城市功能结合起来，构建和谐宜居的生活环境，体现景观特色。

（三）抓住主要矛盾，创新工作方法

主要是坚持"三个主导"，推进"三项新政"，创新"两个体制"。

三个主导：政府主导拆迁安置。拆迁工作的着力点要由"打点"向"扫片"转变，集中力量打大仗、打硬仗、打歼灭战。由政府主导拆迁，统一时间、统一政策、统一建设、统一安置。政府主导土地储备。采取"先规划后建设、先征地后配套、先储备后开发、先做环境后出让"的办法，垄断一级市场，统一规划、统一储备、统一出让，以地生财，规范土地市场秩序，实现土地收益最大化。政府主导规划建设。按照统筹规划、合理布局、完善功能、和谐宜居的原则，由政府主导规划建设，对基础设施、环境品位、建筑风格进行统筹把握，统一进行开发建设，实现基础设施和各种资源最经济配置、最优化利用。

三项新政：实行混合产权，面积不减，标准不降，群众可自愿购买一比一返迁的部分，多出的面积产权归市房管部门，群众租赁。解决困难家庭买不起大房子的问题。企业拆迁改制同步，采取"属地负责、市里补贴"的办法，明确政策，搞好评估，筹集资金，改制拆迁一步到位。先安置后拆迁，政府购买部分商品房作为安置房，既消化了市场存量房，又解决了拆迁安置的难题，减轻了安置压力，方便了群众生活。

创新两个体制：创新规划体制。一是最大限度地放开市场。引入先进的规划设计理念和高水平的规划设计队伍，构建开放竞争、选优选佳的规划设计市场新机制。二是规划权上收。站在保定市发展的全局统筹规划设计。对涿州、定州、白沟新城三个次中心城市，和清苑、徐水、满城、安新"三星一淀"，以及开发区的总体规划，由市主持编制。每一个重点项目、改造工程和景观节点规划，全部纳入城市总体规划和设计之中统筹把握。三是完善规划决策机制。严格落实城市设计方案比选和建筑设计方案招投标制度，严格落实城乡规划公示制度，增强规划的透明度，保障规划的科学性、合理性。创新城管体制。充分发挥区级主体作用，管理职能下放到区，下放部分审批权、执法权、管理权。重心下移，管理重点向小街巷转移，向小区片转移，向群众身边转移。力量下沉，加强区级城管力量，增加区、街道和社区三级管理人员。资金下拨，确保区政府有钱办事，有能力行使城市管理职能。

一个统领　两个品牌　三大建设　四项创新
全力推进城镇面貌三年大变样

宋太平

保定市认真落实省委、省政府决策部署，积极推进"三年大变样"和城镇化进程，实化细化城建重点工程150项，累计完成投资1800亿元，省定5项三年阶段性目标圆满完成。环境质量明显改善，大气水体环境逐年优化，主要绿化指标达到国家园林城市标准；承载能力显著提高；城市供水、供气和集中供热普及率分别达到100%、99%和81%；居住条件大为改观，市区80%的城中村完成改造，符合规定的城市低收入家庭廉租房和经济适用住房保障率100%；现代魅力初步显现，发挥历史文化名城的文化底蕴，建成或正在建设一批城市地标性建筑；管理水平全面提高，城乡规划实现全覆盖，"两级政府、三级管理、四级落实"的城市管理体制基本形成。

一、坚持一个统领

我们深刻领会和正确把握省委、省政府"三年大变样"的本质要求和深远意义，把提升城市品位作为城市建设与发展的灵魂和主线。制定实施《关于大力提升保定城市品位的指导意见》，从保定实际出发，把"城市品位"的主要内涵确定为六个方面，即"彰显历史之韵、传承文化之魂、营造山水之秀、建设低碳之城、展示现代之气、培树文明之风",坚持规划先行,品位统领,着力追求城市外在形象与内在素质的有机统一,努力塑造具有保定特色的城市形象。

二、彰显两个品牌

一是文化名城品牌。市委、市政府于2008年7月制定《关于建设文化名城的实施意见》,重点实化为20件大事、实事。先后完成展现古城风貌的西大街、裕华路、总督署西路改造和古莲花池"后三景"恢复工程。基本完成清河道署、光园和淮军公所等文物古迹修缮工程。投资6亿元开工建设关汉卿大剧院、博物馆等高标准文化基础设施。对2.3平方公里古城区制定专项保护规划并付诸实施。二是低碳城市品牌。坚持做城市就是做产业的指导思想,市委、市政府于2010年11月制定《关于建设低碳城市的指导意见》,对强化低碳理念、发展

◎ 朝阳北大街与隆兴路交叉口

低碳产业、加强低碳管理、倡导低碳生活等作出近期部署和中长期规划。推进太阳能之城建设，全面率先推广太阳能路灯和智能交通信号灯。电谷大厦是全国第一座使用太阳能发电的五星级酒店。经过积极争取和努力，近三年保定市先后被国家科技部命名为"国家可再生能源产业化基地"、"国家太阳能综合应用科技示范城市"、"国家光伏发电集中应用示范区"，被国家发改委确定为"全国低碳城市建设试点市"（全国8个）。全市新能源及能源设备制造企业达到180多家，2010年实现销售收入420亿元，增长30%以上。英利公司光伏产业、国电公司风电产业国家重点实验室加快建设，国家级光伏系统检测中心、风电叶片检测中心项目正式启动。全市拥有300多家整车及零部件企业，整车产能100万辆，2010年生产68万辆，销售收入550亿元，增长35%以上。

三、推进三大建设

一是开通大水系。从保定市区历史和现实状况出发，总投资60亿元，实施"两库（王快水库、西大洋水库）连通、西水东调、引水济市、穿府（市区）补淀（白洋淀）"工程。总长14.8公里的两库连通工程基本完工。市区内环水系去年国庆节前实现清水入市；市区外环水系60公里河道、40公里堤防综合整治主体工程基本完工并成功试水。配套建设"两环四廊"（古城水系环和新城水系环，一亩泉河、侯河、清水河、府河景观廊）、"五湖十园"（东、西、南、北、新五湖，莲池、刘守庙、侯河生态、汽车产业文化、军校广场、竞秀公园、一亩泉湿地、植物园、黄花沟生态公园和利用垃圾处理厂改造形成的生态文化公园）水系景观工程，其中，水面1500亩的东湖、北湖项目全面开工。市区至白洋淀（44.5公里）河道疏浚治理工程已经启动，2011年实现通水、通路、通航。特别是在工程建设中形成的"团结协作、攻坚克难、科学推进、优质高效"大水系精神，已经成为全市三年大变样的宝贵精神财富。二是构建大交通。以构建大交通为切入点，集中开展交通建设大会战，全力打造对接京津、东出西联的交通枢纽。保津城际铁路、京石客运专线建设顺利推进，届时全市铁路通车里程将达到629公里。瞄准"县县通高速"目标，全市"三纵四横"高速公路网基本形成，通车里程达到657公里（全省第一）。市区高速外环（146公里）全部开通。市区新建4个高速出口，修通二环、三环等17条主次干道，明年开通白洋淀大道。主城区路网更加便捷通畅。三是建设大城市。实施"一主三次"城市发展战略，加快城镇化进程。对保定周边清苑、满城、徐水、安新四县试行按区管理，"一城三星一淀"大保定发展空间由312平方公里拓展到3290平方公里。完成市区两座污水处理厂改造升级。在全省率先实现城区雨污分流全覆盖。垃圾发电厂建成使用。特别是随着南郊热电联产项目（大唐清苑热电厂）建成投产和北郊热电厂开工建设，城市承载功能进一步完善。市内居住条件和环境最差、多年想改未改的府河、清真寺、西大园三大片区改造取得实质进展，共拆迁144万平方米、涉及13000户，是近年来市区一次性拆迁改造规模最大的城建工程。全省建筑最高（高258米）、单体体量最大（面积37万平方米）、商业业态最全、品牌组合最强的万博广场项目加紧建设，新燕赵商务广场、保定新火车站、京石高铁客运站等一批地标性建筑正在积极推进。同时，从保定县多县弱实际出发，把"兴县"作为重点，抓好县城和新民居建设。市委、市政府制定出台《关于加快县城建设促进县域经济发展的指导意见》，实施县城建设"三个一百"工程（三年县城面积新增100平方公里、常住人口新增100万人、县级财政收入新增100亿元）。22个县城2个开发区实现"七个一"目标（建设一个工业园区、一个高标准社区、一条样板街、一条夜景精品景观线、一条特色街区、一个综合性公园、一批街旁绿地小景）。县城面貌大为改观。310个农村新民居示范村建设全面启动，多数见到明显成效。

四、探索四项创新

一是创新和谐拆迁模式。所有拆迁全部实行政府主导，有效避免和防止因拆迁引发的越级上访和不稳定事件。二是创新有情安置模式。探索实行混合产权制度（困难群众一比一购买一套住房中的返迁面积，多出面积产权归政府所有，可先租后买），从根本上解决困难群众买不起和住不起房的问题。三是创新统筹推进模式。对涉及企事业单位的搬迁，采取属地负责、市里补贴的办法，实行拆迁、改制同步进行，受到企业普遍欢迎。四是创新市场融资模式。政府垄断土地一级市场，组建5家融资公司。1800亿城建投资中市场化筹资占70%。

◎ 保定市环城水系治理前后

在城填面貌三年大变样的基础上，我们按照省委、省政府城镇建设三年上水平的要求，以科学发展为主题，以加快转变经济发展方式为主线，以改革创新为动力，紧紧围绕繁荣和舒适两大目标，全面推动城市环境质量、聚集能力、承载功能、居住条件、风貌特色、管理服务上水平，积极推进新型城填化和城市现代化建设，努力建设更具实力活力魅力和竞争力的新保定，为又好又快发展、强市兴县富民提供有力支撑。工作中，牢牢把握三条原则：牢牢把握提升城市品位这一灵魂主线，牢牢把握建设低碳城市这一主攻方向，牢牢把握"一主三次"这一战略布局，谋划实施一批重大项目。重点抓好六项工作：一是完善以"一主三次"为重点的现代城镇体系。①加快保定主城区建设，逐步实现与周边四县一体化规划、建设和管理，真正形成"一城三星一淀"大保定格局。②加快河北涿州新兴产业示范区建设，积极争取央企合作项目和省重点示范项目，打造环首都绿色经济圈强势崛起的桥头堡。③加快白沟新城建设，打造中国箱包之都、京南商贸名城、保东中心城市。④加快定州保南中心城市建设，依托唐河循环经济产业园和沙河工业聚集区，带动周边地区加快发展。⑤发挥后发优势，努力把涞源培育成保西新兴城市。"十二五"期间，全市城镇化率达到50%左右。二是提升交通路网水平。继续实施高速铁路、高速公路和城区路网建设会战攻坚。"十二五"期间高速公路形成"四纵四横两环"，通车里程达到1300公里（全省第一）。三是打造精品建设工程。加快谋划实施东湖文化新城、西湖体育新城、高铁片区、北部新城及市民服务中心等"五大新区"建设，引领提升全市城镇建设水平。四是建设城市生态景观。全面完成大水系建设，建成高标准城市水系景观。实施22项绿化工程，确保通过国家园林城市和国家森林城市验收。五是着力保障改善民生。尽快完成城中村改造，基本消除城市棚户区和危陋住宅区。六是强化现代产业支撑。以低碳为主导，把项目建设作为核心之举，加快"中国电谷"高新区、河北涿州新兴产业示范区、长城工业聚集区、定州唐河循环经济区、白沟新城工业聚集区等骨干园区建设，全力构建具有保定特色的现代产业体系。

（作者系中共保定市委书记）

古城染翠正其时

——关于创建国家园林城市的体会与思考

李 谦

2010年5月,保定市委、市政府召开创建国家园林城市、森林保定广播电视动员大会,向全市发出了"绿色宣言":举全市之力,全面建设园林城市、森林保定,努力把保定打造成京津冀区域最绿、最美、最生态宜居的一流城市。在推进城市生态建设中,市区应发挥表率作用,当好绿色行动的先行军。

一、以战略眼光审视,作为战略任务推进

森林是生态的基础,绿色是环境的灵魂。建设园林城市,发展城市森林,是当今世界城市建设的潮流。就保定而言,更具特别重要的意义。

(一)低碳城市新名片

保定是世界自然基金会在中国确定的低碳试点城市和国家发改委确定的全国8个低碳试点城市之一,这是我市的金字招牌。赢得这样的殊荣,主要得益于我市在新能源领域的率先发展及产品应用。从各国各地的实践看,低碳发展最有效的途径是工业直接减排和森林间接减排,与工业减排相比,森林固碳投资少、代价低、综合效益大,更具经济可行性和现实操作性。研究表明,林木每生长1立方米,平均吸收1.83吨二氧化碳,释放1.62吨氧气,一公顷森林平均涵养水量1000多立方米。建设园林城市,是走低碳发展之路的必然选择。让森林进入城市,让城市拥抱森林,建设园林城市,打造天然大氧吧,将是我市全面推进低碳城市建设的又一重要举措。

(二)发展环境新高地

打造园林城市,不仅是生态工程,也是高回报的经济工程。保定市作为京津冀都市圈的重要城市,最具优势的战略资源就是宜居、宜商、宜业环境,建设园林城市,应成为提升全市综合竞争力的重要路径,成为缔造保定发展新优势的重要支撑。

(三)品位保定新坐标

城市森林对于维持城市的生态平衡、涵养水源、净化空气、调节温度、降低噪声、美化景观等具有独特的作用,城市的绿化品位上去了,更能彰显人文景观和自然生态景观,无形当中也能提升城市的功能。建设园林城市,应成为提升保定城市形象的重要突破口,也是建设品位保定的题中应有之义。

(四)惠民工程新行动

建设园林城市,既是环境工程,更是民生工程,让广大群众和市民人均拥有更多的绿地、绿树和绿叶,满足广大市民亲近自然、享受绿色的热情渴望,是改善生活环境的要义,直接体现着以人为本的理念,也是党和政府对环境的科学感知及对民生的高度尊重。

我们把创建园林城市,作为保定的城市发展战略,作为一项战略任务,按照长期坚持、近期见效的要求,不遗余力、一以贯之地抓下去,力争用三年左右的时间,使保定树更多,地更绿,环境更美好,让老百姓得到更多的实惠。

◎ 城市新貌

二、高起点规划，高标准推进

建设园林城市，不是单纯地在城里种满树，而应该架构一个能充分体现城市文化底蕴的生态群落，倡导一种与自然生态相呼应的和谐生活模式，形成一套科学、完善的生态城市建设规划体系。因此，在规划制定和实施过程中，应该坚持以人为本、生态优先、放眼未来、高位起步，强化"四种理念"。

（一）没有生态化就没有现代化

必须要有宁可少一点建筑，也不能少一片绿地，宁可少一点收益，也要多一点生态的理念。要坚持"新城区先建绿、后建城，旧城区先扩绿、后扩建"的原则，按照"出门500米见绿"和"城在林中、路在绿中、房在园中、人在景中"的标准，追求绿量最大化、景观艺术化、休闲舒适化，做到城城绿、村村绿、路路绿、厂厂绿、院院绿，无处不绿，构建绿量充足、布局合理、景观优美、康乐休闲的城市与森林完美融合的环境空间。

（二）既要全面开花，又要实施大工程带动

既注重实施身边增绿的"细胞工程"，见空布绿、见缝插绿、破硬建绿、拆墙透绿、拆违建绿、垂直挂绿、屋顶造绿，加强道路、居住区、单位庭院等基础性绿化工作，又注重规划实施能够迅速提品质、树形象的震撼性项目。目前，我市结合"三年上水平"工作，正在谋划实施市区北部电谷新城以及防洪堤景观廊、府河生态景观、东湖、西湖、西郊万亩生态园、城市主干道等一批重大城市建设项目，坚持大手笔、高标准搞好绿化规划，打造标志性的生态功能区。

（三）生态与经济社会效益双赢

一方面，坚持生态优先的原则。高标准制定相应的城市规范，比如建居民小区，总面积多少，就要配多大面积的公园；高速公路、高速铁路、城乡主干道的两侧以及城市出入口、重要湿地周边，都要将绿化作为要件来规划建设，力争"挤"出更多的地块种树、建公园，让市民享受更多绿树，呼吸更新鲜的空气。另一方面，坚持走生态带开发的道路。环境就是资源，就是资本，搞好环境，城市就能增值。通过打造高标准生态区，可以带动周边土地增值和开发，比如我市的军校广场、植物园等，都产生了非常明显的带动效应。同时，坚持林业产业发展把与森林生态建设相结合，利用我市地理环境优势，积极培育市区的苗木花卉市场和种植基地，逐步形成了以林业、绿色食品、旅游休闲为主的森林产业链条。

（四）绿线也是红线

只要是审批通过了的规划，必须一年接着一年抓，一任接着一任干，一张蓝图绘到底。对于作出的绿化控制性指标，要像执行红线控制一样，不容降低绿量标准，不允许突破绿线控制；对于明确的时间节点，不容调整滞后。对于目前已建的区域，特别是城中村、老社区，绿化指标达不到要求的，要加大拆建植绿的进程。

三、统一全民意志，举全市之力推动

创建园林城市是一项规模浩大的系统工程，短期内，在人力、物力、财力方面的缺口还非常大，解决这些客观存在的矛盾，必须全党动员，全民发动，全社会共同行动，既要提倡义务行动，也要下达硬性任务；既要强化政府推动，也要注重市场力量，形成强大的合力推进之势。

（一）强势宣传，全民发动

春季和秋冬季是植树造林的黄金时节，我们在全市范围内广泛开展了"植树宣传月"活动。同时，利用报刊、电台、电视台、网络等新闻媒体进行全方位、多层次、高密度宣传发动，使创建园林城市活动宣传常态化、身边化，让广大人民群众入脑入心，营造"人人有责任、人人想绿化、人人做绿化"的氛

围,把植树造林的热情激发出来,使创建园林城市成为科学的、自觉的、深刻的全民行动,在全社会形成了爱绿、护绿、建绿的浓厚氛围。

(二)丰富形式,多措并举

发动全民开展不同形式的义务植树活动,特别是对各区、市直各党政机关、企事业单位工作人员等,定任务、定标准。严格落实"门前三包"制度,抓好企事业单位、社区、街道的造林绿化,全面启动"绿色企业"、"绿色学校"、"绿色小区"、"绿色街道"、"绿色单位"等创建活动,积极开展建设"公仆林"、"青年林"、"八一林"、"巾帼林"等冠名纪念林等行动。规划专门区域,采取结婚种同心树,出生种同龄树,金婚、银婚种长寿树的方式,鼓励广大市民认购、认养。把园林城市建设项目推向市场,走市场化运作、全社会造林的路子,广泛引入各方业主、民间资本、工商企业投资森林工程建设。去年,全市参加义务植树人数502万人次,植树1442万株,充分显示了蕴藏在群众中的巨大力量。

(三)细胞增绿,庭院生春

引导广大群众通过实施"推窗见绿"、"开门见林"、"阳台绿化"等"细胞增绿"工程,营造舒心舒适的宜居环境。近年来,我市不断加大市区庭院绿化、墙体垂直绿化和屋顶绿化力度,建设了一批高水平的社区公园、街头游园和文化小品。

(四)城乡一体、统筹推进

保定是农业大市,特别是西部八县荒山、荒坡等未利用土地占到全市的90%以上,这些地区增绿潜力巨大。按照规划一体、投资一体、管理一体的要求,把造林绿化向山区和平原乡村延伸,实现城区园林化、郊区森林化、道路林荫化、农田林网化、庭院花果化,大幅度提升城市森林总量。

四、以机制创新为保障,靠创新机制求突破

推进创建园林城市活动,能否大规模持久开展下去,解放思想,创新机制是关键。

（一）创新领导机制

先期荣获"国家园林城市"称号的城市，一个共同的特点就是成立高规格的领导机构，实施"一把手工程"。为此，市委、市政府成立了主要领导挂帅的城市绿化建设工作领导小组，抽调精兵强将组建强有力的协调办事机构，统筹指导协调绿化工作。把园林城市建设的各项任务指标量化分解到各乡镇、各街道办事处和各部门，责任到人，对创建园林城市工作实施强有力的领导。

（二）创新管理机制

创建园林城市是一项系统工程，绿化率、公益设施配套率、生物多样性、污染治理、林业产业化、生态文化等指标涉及林业、园林、城建、环保、文化

等各个部门。因此，在城区建设规划审批等环节，应把园林城市相关指标作为必达标项目，由相关部门严格把关。推行"多城同创"，把创建园林城市、森林城市、卫生城市、文明城市、双拥模范城市、低碳发展示范城市结合起来，形成协调联动的管理机制。

（三）创新投入机制

育林绿化和管护经费不足是当前制约园林城市建设的瓶颈，必须进一步拓宽融资渠道，建立"政府+企业+个人"的投入机制。一是加大财政投入。"十一五"期间，我市财政用于造林绿化资金达到6.46亿元。今后，我市将进一步加大财政投资力度。二是大力推进林权制度改革。按照"政府规划、市场

◎ 保定市植物园

运作、业主经营、社会参与"的运行机制和"谁投资、谁经营、谁受益"原则，大力发展非公林业，实施树木认养认购和有偿命名，鼓励市民参与种植纪念树、纪念林，吸引社会各界参与造林与林木管护。目前，全市承包规模500亩以上的造林企业（大户）已达239户，承包面积达到52.6万亩，其中已绿化27.4万亩。同时，探索采取土地权属单位独资、市民捐资、拍卖游园绿地冠名权等多种途径筹措建设资金。

（四）创新养护机制

植树造林是十年工程、百年工程。要把精力向后期养护倾斜，跳出"年年植树不见树，年年造林不见林"、"春种一棵苗，秋收一根柴"的怪圈，确保种一棵活一棵成材一棵。一是扩建育林基地。根据现有育林基地区域分布情况，按照"宏观规划，政策引导，市场调节，政府扶持"的原则，利用退耕还林地、新民居建设置换土地等，加强育林基地建设，力求多培育、储备优良树种，推广先进的管林、育林技术，为建设园林城市起到示范作用。二是更新管护手段。建设森林防火微波图像监控指挥系统，为重点林区安装"电子千里眼"，实施全天候监控。对古树名木实行分级命名和挂牌保护，制订专门的应急预案，做好护林防火、林业有害生物防治及野生动物保护等工作。三是打造专业队伍。组建专业育林队伍、森林执法监察队伍、科技指导队伍，并广泛开展技术培训与交流，不断提高林业建设者的整体素质和森林工程建设水平。

（五）创新考评机制

省委作出的"到2020年全省森林覆盖率达到30%"的承诺，是硬指标、硬任务。为实现既定目标，必须以严格的考评作保证。为此，我市研究制定了园林城市考核评价标准，把各项绿化造林任务指标具体化、责任化，并把完成情况纳入年度目标考核。加大经常性督导检查力度，及时掌握创建活动进展情况，发现和解决问题。今后将每年组织综合性考评，严格与奖惩挂钩，对未完成任务的，实行"一票否决"，使创建园林城市活动软指标变成硬指标，确保创建园林城市活动扎实推进。

（作者系保定市人民政府市长）

"情"字当先　和谐拆迁

保定市清真寺片区拆迁指挥部

清真寺片区综合改造是保定市委、市政府确定的"三年大变样"重点工程之一。清真寺片区位于保定市老城区东南隅，东至长城南大街，西至穿行楼南街，北至裕华路，南至天威东路，占地面积231.6亩（15.4万平方米），原有住户1885户，企业事业单位27家，总建筑面积约9.5万平方米，是我省最大的棚户区（危陋住宅区），是全省百个重点项目之一，也是少数民族集居区，其中低收入群体占70%以上。

为深入贯彻落实省委、省政府城镇面貌三年大变样精神，抢抓国家扩大内需政策机遇，加快推进我市的城镇面貌三年大变样，努力营造适宜创业发展和生活居住的城市环境，完善城市服务功能，充分发挥出保定区位优势，增加人流、物流、信息流等城市发展资源。保定市委、市政府针对清真寺片区拆迁工作量大、情况复杂等难题，深入贯彻落实科学发展观，坚持以人为本、阳光操作，以有情征迁推动工作，用和谐拆迁促进工作，开创了保定市拆迁工作史上的奇迹。

众志成城　营造"情势"

旧城区改造对保定经济社会可持续发展和居民生活环境质量的提高，具有非常重要的意义。清真寺片区拆迁指挥部立足于"依法拆迁、和谐拆迁、稳定拆迁"的原则,组织动迁人员深入广泛宣传工作,发放《清真寺片区居民搬迁须知》、《致未搬迁户一封公开信》等等,使拆迁政策家喻户晓、人人皆知,更加公开、透明。通过悬挂条幅、张贴专题展板、简报等形式,加大拆迁宣传力度,营造拆迁氛围,使广大居民认识到清真寺片区拆迁是市政府为改善居民居住条件进行的一项惠民工程,从而得到拆迁居民的理解、支持和拥护。

周密组织　注重"情理"

情理结合,依法运作。清真寺片区拆迁指挥部紧紧围绕这一指导思想,结合工作实际,明确分工,强化责任,设立了拆迁办公室、建设办公室、政策咨询、合同签订、财务管理、水电维修、安全稳定及十几个动迁小组,根据拆迁实际情况随时整合,建立起有效的激励机制,实行分组包片,责任到组的拆迁工作责任制,提高了拆迁工作效率。同时为避免各种不良事件发生,设立了稳定组,专门负责调解、制止因拆迁工作而引发的冲突,保障拆迁工作的稳定安全。

清真寺片区拆迁指挥部还定期对拆迁工作人员进行业务培训,由专业技术人员和有拆迁经验的同志进行传、帮、带,加强学习交流,学习了《保定市

◎ 幸福家园

城市房屋拆迁管理办法》等有关政策法规。并针对少数民族区域特点，学习印发了《和回族群众交往的注意事项》，使每个拆迁工作人员清楚回族的生活习惯、习俗，明确拆迁和建设和谐社会的关系，提高了动迁人员业务技能和职业素质，为和谐稳定拆迁奠定了基础。

以人为本　体现"情怀"

保定市委、市政府牢固树立一切依靠群众、一切为了群众的为民惠民思想，立足群众当前实际困难，真心实意地为群众解难题、办实事。清真寺片区拆迁指挥部以人民群众切实利益为根本出发点，经过广泛征求拆迁户意见，在原有"货币"、"回迁"两种拆迁安置方式的基础上，经过多方考察，认真研究，在市区不同方位增设了异地安置房源，以满足拆迁户的多元化需求，得到了老百姓的一致好评。

清真寺片区居住30m^{2}以下房屋的拆迁户占被拆迁总户数的54.94%，为全面保障该部分拆迁户的切实利益，指挥部依据河北省建设厅《关于在城镇面貌三年大变样活动中解决被拆迁低收入家庭住房问题的指导意见》和相关法规，向保定市政府递交了《关于解决被拆迁低收入和困难群体家庭住房问题的请示》，将上述住户纳入廉租房保障范围，并给予相应的优惠政策，解决了他们

的实际困难，得到了片区住户的一致好评。

协调联动　彰显"情义"

清真寺片区拆迁工作开展以来，保定市住建局、南市区委、区政府及裕华路、红星路两个办事处全体拆迁人员通力合作，充分发扬"5+2"、"白加黑"的工作精神，把关心放在前，把政策讲在前，做实做细住户动迁工作。为了做到拆迁过程的平稳有序，住建局拆迁工作人员凭借多年拆迁经验，特别是对拆迁政策的理解和把握上，针对群众大多存在故土难离情绪的实际情况，通过算环境美化账、生活质量账、社会发展账，让拆迁户认识到拆旧换新带来的好处，使拆迁户主动搬迁。南市区拆迁工作人员则利用人熟地熟的优势，针对少部分态度蛮横、拒不配合、无理取闹的拆迁户，及早介入，及时处理，起到搬迁一户带动一片的作用，在平稳居民情绪、处理因部分群众不理解政策引发的各类问题时，发挥了强有力的作用。正是由于他们在工作中的互促互进，合力攻坚，克服种种阻力，突破重重难关，保证了拆迁工作任务的圆满完成。

沧州
CANGZHOU

◎加快推进沧州城市现代化战略的实施
◎抢抓机遇　强势推进　全面提升沧州城镇化水平
◎打造"一主两副多颗星"　全力推进沧州城镇化进程

加快推进沧州城市现代化战略的实施

中共沧州市委　沧州市人民政府

2008年以来，在省委、省政府的指导下，市委、市政府紧紧抓住城镇面貌三年大变样这一千载难逢的发展机遇，乘势而为，精心组织，周密部署，创新工作，扎实推进，掀起了改变城镇落后面貌、推进城镇化和城市现代化的热潮。经过全市上下三年共同不懈的努力拼搏，城市环境质量明显改善，城市功能不断完善，居住条件和住房保障能力切实增强，城市特色日益彰显，城市管理水平进一步提高，城市的实力、魅力、竞争力逐步提升，人民群众得到更多实惠，"三年大变样"的工作目标已全部落实到位，一个富有朝气、充满活力、初步具有现代化气息的新沧州已经呈现在人们的面前。

一、整体进展和主要成就

城镇面貌三年大变样活动开展以来，我市坚持以迎"两节"、"五城同创"为主要抓手，紧紧围绕完善城市功能、提升城市品位两大重点实施攻坚，连续两年实施了主城区"十大城建工程"和县（市）"十个一工程"，进行了有史以来最大规模的城市改造和建设，做了大量卓有成效的工作，取得了重大的阶段性成就。

（一）大力度实施拆迁拆违，城市改造基础不断夯实

全市累计完成拆迁拆违2311.14万平方米，其中，拆除违章建筑309.28万平

方米，拆除超期临建174.39万平方米，拆除有碍观瞻建筑512.79万平方米，企业"退二进三"搬迁274.93万平方米，城中村拆迁725.9万平方米，危陋住宅区改建拆迁313.85万平方米，共腾出土地2402.24万平方米。建成区拆迁拆违面积938.81万平方米，共腾出土地975.97万平方米。

（二）高水平完善城市规划，城市规划档次显著提升

建立健全了初审会、联审会、规委会三级联审规划制度，将规划审批纳入科学化、规范化轨道。加大了规划投入力度，三年来市财政累计投资近亿元用于城市规划，保障了规划设计的高起点、高标准。开放规划设计市场，重点地段、关键节点、标志性建筑均聘请国内外著名规划设计单位和知名专家直接参与，确保了规划的高水准。一是完成了沧州市城市总体规划修编（沧州市总体规划获得全省优秀规划成果二等奖）。二是完成了市区95平方公里区域控制性详细规划。三是完成了新城28平方公里城市设计、新城3平方公里核心区城市设计等5项城市设计。四是完成了23项专项规划，形成了完备的专项规划体系。五是完成了运河景观规划和市区12条主干道的既有建筑改造和景观规划，运河景观规划获得全省优秀城乡规划编制成果评选一等奖。六是各县（市）全部完成了总体规划修编，并开展了新一轮控制性详细规划编制工作，编制完成了控详规286.8平方公里。大力实施镇带村规划编制工作，促进城镇基础设施和公共服务向乡村延伸，完成了34个建制镇规划，22个乡规划，60个省级新民居试点村规划。七是立足于科学规划，积极拓展城市发展空间，谋划确定了"一主、两副、多颗星"的沧州市城市发展格局，确立了"西文、中商、东工、一河、两岸、满城绿"的城区发展思路和功能定位。

（三）狠抓环境治理，城市环境质量持续好转

深入开展污染综合治理和环保"利剑"行动，对工业污染源、建筑施工扬尘和机动车尾气污染专项治理，实施了"拔烟囱、拆锅炉、净蓝天"行动，加快对全市主要污染源的治理。市区累计拆除195家、244台燃煤锅炉；对仍需运行的180家、234台4吨以上燃煤锅炉，均安装了高效脱硫除尘设施。

2008-2010年三年，市区空气质量二级以上天数分别达到321天、330天、335天。城市空气质量持续好转，实现了空气质量由2007年的全省排位靠后，到

◎ 沧州市貌

Cangzhou Shi

2010年跨入全省先进行列质的飞跃。城镇污水处理厂出水全部达到出水水质要求，38家国控、省控重点企业全部实现达标排放；集中式饮用水水源地水质达标率稳定保持100%；污水集中处理率达到85%；城市产生生活垃圾全部无害化处理，处理率达到100%。搬迁污染企业5家，限期整改企业4家，对3家省控重点企业加强监控管理。

大力加强两厂（场）建设。列入省责任目标的15个污水处理厂、13个垃圾处理场，全部建成并投入试运行，完成省政府责任目标。

（四）加大基础设施建设力度，城市承载能力显著增强

以完善城市功能、提高城市承载力为重点，连续三年实施了"十大城建工程"，累计完成建设项目达到270余个，总投资660亿元，成为我市城建史上规模最大、投资最多、力度最强的时期。其中，实施基础项目建设42个，总投资73亿元。

大力实施"道路畅通工程"。新建道路20条、33公里；拓宽改造道路18条、18公里；实施了30公里的环城高速路建设；对市区72条、8万平方米小街小巷进行了整修；完成了韩家场、开发区、火车站3个公交枢纽场站建设。

大力实施"管网及配套工程"。新改建供热管网142.6公里、供水管网68公里、供气管网83公里、供电管网113公里，新增换热站77个，新增供热面积546万平方米，改造供热面积80万平方米。市区集中供水普及率达到100%，燃气普及率稳定保持100%，市区集中供热率达到72.6%，天然气使用比重达到75%以上。新建道路排水全部实现雨污分流，老城区路网改造同步实现雨污分流，排水管网密度达到9.11公里/平方公里。关停自备井274眼，率先在省内实现了自备井全部关停目标。

（五）扎实推进住房保障和"三改"工程，居民居住条件大为改观

牢牢抓住中央、省加大保障性安居工程投入的机遇，积极推进保障性安居工程建设。

1. 廉租住房保障和筹集。我市人均居住建筑面积15平方米以下的城市低收入家庭全部得到了住房保障，保障户数11688户，完成年度目标116.2%，做到应保尽保；完成新增廉租住房租赁补贴户数3086户，超过省定计划的3倍；累计

筹集廉租住房5549套，完成年度目标110.9%，其中市本级1614套。

2. 廉租住房建设。2010年我市实施了9个廉租住房建设项目，建设廉租住房2626套（其中市区万家家园二期336套），总面积12.54万平方米，总投资2.3亿元，完成投资1.05亿元，超额完成省定任务的25%。

3. 经济适用住房建设。今年，我市开工建设经济适用住房项目3个，建设经济适用住房2552套，总建筑面积22.65万平方米，总投资3.73亿元，超额完成省下达新建2000套经济适用住房的任务目标。

4. 公共租赁住房建设。开工建设了沧铁嘉苑项目，建设公共租赁住房100套，建筑面积0.6万平方米，完成了省定目标任务。

在扎实抓好保障性安居工程建设的同时，大力推进"三改"工程，居民居住条件得到较好的改善。

城中村改造。我市建成区共有47个城中村，已启动拆迁改造40个，全部完成拆迁改造40个，共完成拆迁19639户，拆迁面积369.01万平方米，腾出土地554.9公顷，收储土地560.6公顷。完成改造的城中村，"四转"工作已全部完成。

旧平房区、危陋住宅区改造。我市建成区棚户区（危陋住宅区）改造开工项目15个，先后对通用东区、颐和文园、鼓楼广场、一中前街、荷花池区域等15个旧平房片区和危陋住宅区进行了改造，拆迁总面积61.19万平方米（其中住宅53.19万平方米），拆迁总户数7964户（其中低收入住房困难户1944户），计划总投资27.24亿元，现已完成投资16.88亿元，安置低收入家庭2011户。超额完成了省政府下达的拆迁改造15万平方米的责任目标任务。

旧小区改善。完成旧住宅小区改善面积104.2万平方米，超过省下达任务目标44.2万平方米。全部改善小区达到"房屋修正、环境整治、违章拆除、设施补建、节能改造"的目标，实现了应改尽改。

（六）倾力抓好"三化"工程，城市景观效果全面提升

城市绿化。围绕创建省级"园林城市"的工作目标，三年共完成绿化投资7.8亿元，相当于2007年绿化投资的20倍；种植胸径10公分以上的大乔木30多万株、灌木800多万株、草坪和地被110万平方米，新增和改造绿化面积440万平方米，约占2007年以前绿化总面积的一半以上。城市园林绿化建设质量迅速提

高，相继建成了开元大道、永安大道、黄河西路、解放西路、千童大道、北京路、上海路东段、学院路、迎宾大道景观带、通翔杂技园、狮城公园等一大批绿化精品工程，对南湖公园、人民公园进行了大规模改造提升，为创建省级园林城市奠定了坚实的基础。城市绿化指标大幅提升，建成区绿化覆盖率、绿地率、人均公园绿地面积分别达到41.63%、35.69%和10.06平方米，分别比2007年增加了9.01、9.09个百分点和5.9平方米，均超过了创建省级园林城市的三项基本指标，成为我市历史上发展最快的时期。按照总体规划、分步实施的原则，完成了运河市区段水系整治、景观建设和两岸开发利用三项规划，完成了永济路至黄河路段两侧500米范围内的调查摸底工作，为2011年运河大规模整治改造奠定了基础。2010年10月，我市被省政府命名为省级园林城市。

城市亮化。先后投资7000余万元，对17条主要干道、7座桥梁、4个公园、114栋建筑物、3片古文化建筑区、解放路及沿街建筑城市夜景照明亮化带进行了景观亮化；投资5000余万元，完成新建、拓宽改造25条道路照明设施安装工作；投资5700万元，完成14条道路及节点亮化工作；逐步形成了以道路照明为骨架，以重要设施、公园、广场为节点，功能照明和景观亮化两个层次分明的城市夜景照明框架体系，彰显了海洋文化、运河文化、杂技之乡、武术之乡等城市人文特点。

城市美化。积极推进城市主要街道两侧既有建筑外观改造和街道景观环境整治工作。完成了解放路、浮阳大道（新华路—御河路）、清池大道（新华路—解放路）、新华路（浮阳大道—火车站）四条主要干道，全长27.8千米的街道景观整治工程，对街道两侧可视范围内271座、44万平方米的建筑物外立面进行了改造，对其中的93座建筑物"平改坡"；对千童大道、永济路、黄河路、御河路、开元大道等7条道路进行了景观环境整治。以迎"两节"、"五城同创"为契机，大力开展环境卫生整治、市场环境综合治理、交通秩序整治、建筑灰尘和路面污染整治等"五大整治"活动，城市形象进一步提升，市民素质进一步提高。

（七）着力打造精品工程、标志性工程，城市现代魅力初步显现

按照"集中规划、节约土地、重点突破、打造精品"的原则，在迎宾大道

东侧集中规划建设了建业大厦、交通稽征业务楼、劳动力市场、金狮大酒店、阿尔卡迪亚大酒店等十几座精品工程,成为了我市一道亮丽的风景线;为进一步完善城市功能,加快"补课"和"赶超"步伐,在迎宾大道西侧谋划建设了沧州体育馆、会展中心、狮城公园等一批标志性建筑,填补了市区没有大型体育馆、展览馆、休闲广场和五星级酒店的空白,狮城公园区域成为我市融城市功能与景观建设为一体的精品区域、特色区域,为成功举办杂技节、武术节、管道装备展览会提供了强有力的基础支撑。为加快沧州新城开发建设,开工建设了沧州体育场、图书馆、博物馆、城乡规划馆、市民服务中心、京沪高铁沧州站配套工程、管道大厦等工程,实施了沧州一中新校区、工专西校区迁建等工程。

(八)加强商贸设施、工业园区建设,中心城市的辐射带动能力显著增强

为方便市民生活,繁荣城市经济,增强中心城市的辐射带动能力,大力实施了"商贸设施建设工程",对小南门老商业区进行改造,新建了颐和广场新商业区,对维明路、交通北大街、富强等13个菜市场和批发市场新建或升级改造;一中前街商业区、后井街商业区、泰大国际商贸城、彩龙国际广场先后开工建设;完成了市迎宾馆、宏泰酒店、大化宾馆、扬帆酒店升级改造工程;东来顺、全聚德等名品名店落户沧州。进一步明确中心城市的产业定位,加快新华、运河、沧东工业园区和沧州高新技术园区建设,推动第二产业集约集群发展。

(九)大力强化城市管理,城市管理水平日趋提高

按照省政府指导意见,结合自身实际,进行了城市规划建设管理部门的改革,构建了建管分离的城市工作框架,环卫作业、园林管护"网格化"、精细化、规范化管理有效推进,"两级政府、三级管理、四级落实"的管理体制得到落实;管理机构运作顺畅,管理水平日趋提高。加大了对城市管理的科技投入,数字化城管平台和数字化规划平台建成投入使用,提高了我市城市管理和城市规划管理水平。

(十)大力实施县(市)"十个一"工程,县(市)城承载能力显著提升

自2009年起,各县(市)"三年大变样"工作,以实施"十个一"工程为主要抓手,以完善县(市)城功能为主要着力点,加大了对道路交通、供气供

热、城中村改造、街道景观整治、医院、学校、公园、宾馆等项目新建、改建力度，实施建设项目281个、完成投资246亿元。通过大力实施县（市）"十个一"工程，县（市）城功能进一步完善，县（市）城承载能力显著提升。

二、做法与成功经验

在推进城镇面貌三年大变样工作中，沧州市委、市政府，结合沧州市的实际情况，解放思想，迎难而上，勇于破解前进中的热点难点问题，形成了一套行之有效的做法和经验。

（一）市委高度重视，"四套班子"始终齐心协力、团结一致，共同推动城镇面貌三年大变样

"三年大变样"不仅成为市委、市政府的工作重心，也成为市人大、市政协及社会各界所关注的焦点与热点。市委、市政府始终把"三年大变样"工作摆上重要议事日程，市委常委会、市政府常务会多次听取工作汇报，多次召开全市城镇面貌三年大变样工作会议、全市城镇化工作会议，市委、市政府主要领导经常听取汇报，亲临一线调研指导，过问工作进展并做出重要批示。市人大、市政协及社会各界都表现出高度的政治责任感和历史使命感。市人大常委会多次做出支持"三年大变样"工作的有关决定，多次组织人大代表进行了"三年大变样"工作专题调研，并就重点项目进行视察；市政协也多次组织常委会现场视察"三年大变样"工作，召开座谈会，积极为"三年大变样"建言献策。

（二）始终坚持政府主导和市场运作相结合，着力加快建设步伐

按照经营城市的理念，大胆探索政府主导下市场运作模式。在加大投入搞好市政基础设施建设的同时，打破传统思维，打开城门搞建设，积极引进战略投资者。通过与北京建工集团合作，采取BT等方式，展览中心、体育馆建成投用，正在建设沧州体育场；通过与北京城建集团合作，建成了狮城公园、名人植物园，建设了上海路、贵州大道、京沪高铁沧州站房配套工程；通过引进华润集团，建设热电联产工程，集中供热率得到快速提高；通过与省建投合作，使东部地区供水工程杨埠水库建成蓄水，运西污水处理厂即将投入运行；通过

与贻成、荣盛等有实力的房地产开发企业合作，建设了两个五星级国际酒店，一批精品住宅小区建成入住。

（三）始终坚持全面推进和重点突破相结合，倾力打造精品工程

"三年大变样"工作任务相当繁重，在全面推动的同时，选择重点方向、薄弱环节重点突破。三年多来，沧州始终把新城建设作为重点，集中建设了体育馆、会展中心、狮城公园、金狮大酒店等精品工程，谋划实施了"一场五馆"、"一中心、两总部、三学校"等一批重点项目。在高标准建设新城的同时，加大了对老城区以提升城市功能为主的升级改造，新城带老城，新城促老城，协同发展。在突破城市建设薄弱环节上狠下功夫，由于地理环境的影响，城市绿化是我市城市建设的薄弱环节之一，为改变绿化面积小、绿化层次低、视觉效果差等实际问题，专门成立了园林局，加大资金投入和工作力度，破解技术难题，市区绿化面积有了大幅提升，绿地率显著提高，园林绿化工作由全省落后位置跃居先进行列。

（四）始终坚持体制机制创新，破解制约城市发展瓶颈

为破解土地制约难题，按照"盘活存量、争取增量、提升质量"的要求，在全市范围内开展闲置土地清理工作，对城镇建设用地中批而未建、长期处于闲置、低效利用土地以及破产企业土地进行全面调查摸底，按照有关政策该缴费的缴费，该收回的收回，确保实现土地资源利用的最大化。积极探索城镇建设用地增加与新农村建设用地减少相挂钩的机制，通过村庄整治改造，盘活存量非农用地，置换土地指标用于城市建设，为"三年大变样"提供了土地保障。为解决城建资金短缺的问题，整合城投和建投，成立了新的建设投资公司，并把所有机关事业单位的资产全部划转进来，做大规模，提高投融资能力。目前，建投资产规模已突破120亿元，在城建投融资方面发挥了重要作用。在优化建设环境方面，坚持公开、公平、公正的原则，实行有情操作、阳光操作，该给群众的补偿一定足额补偿到位，对极少数恶意阻工、扰工的行为，坚决给予严厉打击，为城市建设保驾护航。

（五）始终坚持以人为本，切实把维护群众利益放在首位

以"三年大变样"为契机，深入开展了多项城建便民、惠民工程，改建、新建了一批小街小巷、公厕、街头公园、社区活动场所等项目，出台了加快廉租房建设、困难家庭住房、取暖补贴等一系列利民便民政策和办法，改善了市民生活环境，给人民群众带来看得见、摸得着的实惠。在涉及群众切身利益的拆迁工作中，坚持依法拆迁、阳光拆迁、和谐拆迁，下大力解决被拆迁户的实际困难，维护弱势群体的利益。我市"三改"工作，由于领导重视、措施得力，三年来，没有发生一起因拆迁而引起的群众上访事件，广大市民（村民）支持拆迁、盼望拆迁，希望尽快改善生活状况的愿望非常强烈，形成了市民（村民）、居委会（村班子）、政府、开发企业的良性互动，达到了多赢的效果。

（六）始终坚持"四位一体"，统筹推进，促进城乡面貌共同大变样

"三年大变样"不仅仅是中心城市面貌大变样，同时也是县、乡（镇）、村面貌的大变样。自开展"三年大变样"活动以来，我们就提出"四位一体，统筹推进"的原则，坚持统一谋划、统一部署、同步实施、整体推进。加快发展壮大中心城市，着力完善功能，提升品位，增强辐射带动作用；加快县城建设步伐，提高县城承载能力和吸引生产要素的集聚能力；积极发展各具特色的中心镇、产业镇；稳步推进新民居示范工程。

（七）始终坚持"三化互动、两手抓"，大力繁荣城市经济

张云川书记指出："做城市本质就是做产业、做民生、做城乡统筹发展。"抓"三年大变样"的本质就是抓产业、抓经济。我们在抓好"三年大变样"工作的同时，下大力抓好城市经济发展，做到两手抓，制定出台了《中心城区商贸服务业发展规划》，积极做大做强园区产业，按照布局集中、产业聚集、用地节约的要求，完善城市功能区分，合力配置工业用地，加快推进主城区退二进三步伐，引导产业向园区集中、园区向城镇集中，促进工业化、产业化、城镇化"三化"互动，协调发展，为城市可持续发展奠定基础。

◎ 铁狮

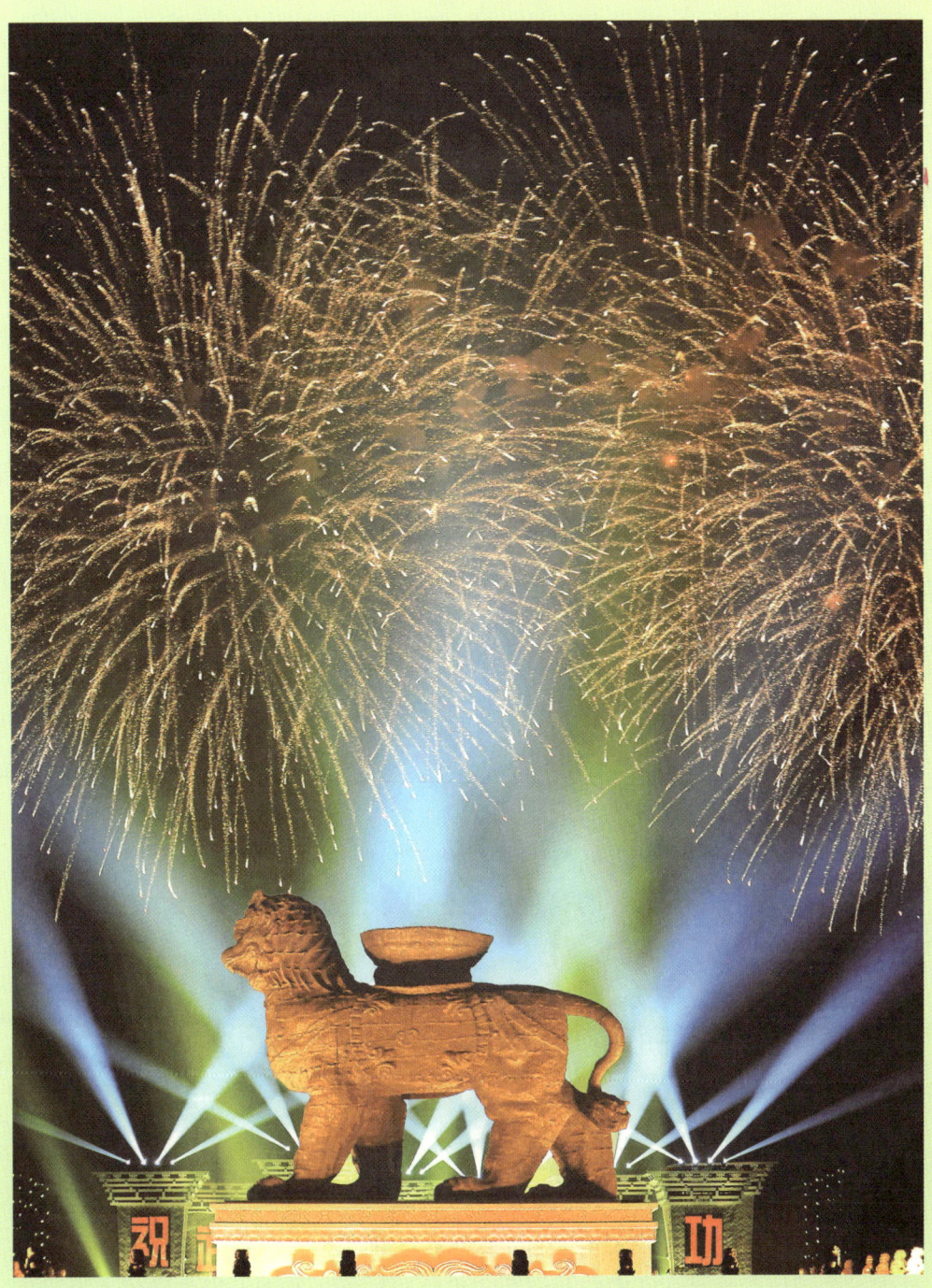

抢抓机遇　强势推进
全面提升沧州城镇化水平

郭　华

按照省委、省政府的决策部署，我们把"三年大变样"作为推进新型城镇化的历史机遇，坚持高起点规划、高标准建设、高水平实施，积极破解建设难点，以前所未有的决心和前所未有的力度强力推进，实现了城市承载能力和城市整体形象的全面跃升。

从"改写沧州历史"的高度，充分认识全力推进城镇面貌三年大变样的必要性

一段时期沧州经济发展水平相对落后，成为北方相对贫穷的地区之一。改革开放以后，特别是近几年，沧州经济驶入快速发展的轨道，渤海新区迅速崛起，县域经济强劲发展，中心城市经济破题出土，一系列大的项目如石化、钢铁等相继落地生根，使沧州综合实力不断增强。2006年经济总量跨入全省第一梯队，并已连续五年位居全省第四，2010年全市财政收入达271.2亿元，连续两年位居全省第三。但相对于快速发展的经济，沧州的城镇化水平却远远落后于其他沿海城市，甚至在省内的兄弟市中也位居后列。省委、省政府赋予沧州在全省沿海经济发展中率先崛起、率先突破的重任后，作为建设沿海强市的重要

内容，城镇化水平低的矛盾越来越凸显出来。作为后发达地区，站在落实科学发展观、建设沿海强市新的历史起点上，沧州迫切需要改变这种局面。只有大力提高城镇化水平，才能解决经济增长的长期动力问题，才是解决"三农"问题的主要出路，才能促进各种生产要素在沧州畅快流动，推动经济发展实现新跨越。

在这样的背景下，省委、省政府作出加快城镇化建设的战略决策非常及时、必要，堪称一场"及时雨"。它不但关系着沧州能否抢抓机遇，搭上新一轮发展快车，崛起于环渤海经济圈，更关系着沧州能否贯彻落实科学发展观，实现又好又快发展。因此，这是一个非常符合沧州现阶段实际情况的战略举措，是大智慧、大手笔。我们必须要站在"改写沧州历史"的高度，充分认识到"城镇面貌三年大变样"的战略既关乎当前，又关乎长远，不但是一次提升城镇化水平的重大机遇，也是造福后代、惠及子孙的一项民心工程。我们应该顺势而动，有所作为，通过大刀阔斧地推进各项工作，开辟沧州城市化进程的新境界。

以推进城镇面貌三年大变样为契机，全面提升城市建设管理水平

三年来，沧州市各级党委、政府从转方式、调结构的战略高度认识推进城镇化的重要意义，按照省委、省政府城镇面貌三年大变样工作总体安排，坚持新区建设和旧城改造同步进行的原则，在抓好新区建设的同时，不忘旧城改造，实现了城市建设上规模、上结构、上水平。

过去的三年成为沧州历史上拆迁力度最大、城镇建设投入最多、城镇面貌变化最大的三年，城镇化建设呈现出强力推进、亮点纷呈的良好局面。三年来，沧州市累计拆迁拆违2311.14万平方米。其中主城区拆迁938.81万平方米，完成"城中村"拆迁改造40个。从2008年开始，中心城区连续三年实施"十大城建工程"，累计实施建设项目270余个，总投资660亿元。尤其加快城市西部新城起步区的开发建设，建设体育馆、会展中心、通翔杂技园、现代高层住宅小区和行政办公中心，形成了一系列城市建设的新亮点，新城起步区已初具现代城市风貌。同时，加快城区交通建设，永安大道、开元大道、御河西路、高铁路等"三纵六横"路网基本形成。加快商业服务设施建设，小南门、颐和广场两大商业中心和13个标准菜市场相继建成使用。加强城市绿化工作，市区绿化覆盖率达到41.63%，2010年我市被命名为省级园林城市。此外，黄骅新城建设进展顺利。县城和小城镇建设也取得了重大突破，新民居建设起点高、有特色，在全省率先启动样板镇、样板村、样板房建设，受到省委书记张云川的肯定和好评。

2011年是城镇建设三年上水平的启动年，我们围绕"城市更干净、功能更完善、住得更舒适、市区更好看、管理更科学"的城市功能定位，着力实施城建"十大工程"和县（市）"十个一"工程，推进城镇建设上水平。这些工程，既有基础性、框架性的民心工程，也有标志性、名牌性的精品工程，攸关沧州的形象建设，攸关城市承载功能的完善提升。我们将戮力同心、全力推

◎ 沧州迎宾大道

进，实现速度、质量、效果相统一，确保将美好的蓝图变成壮观的现实。

全力打造"沧州速度"，实现"三年大变样"体现一个"快"字，推进"三年上水平"更要突出一个"快"字

改革开放初期，深圳人曾创造出了惊人的"深圳速度"，正是凭借着这种三天建一层楼的壮举，开创了改革开放的新局面。今后三年，是我们推进城镇建设上水平的三年，任务之重前所未有，任务之急前所罕见。要想干成事、干成大事，就必须发扬争分夺秒的精神，突出一个"快"字，创出"沧州速度"。在"三年大变样"过程中，沧州运河区许官屯村作为市中心的城中村，人口数量多，拆迁难度大。运河区广大干部深入一线，倒排工期，挂图作战，发扬"5+2"、"白加黑"的精神，创造了从接受任务到拆迁完成仅用了30天、转移安置数千人的"沧州速度"，成为沧州城市建设史上一个奇迹。在"三年上水平"中，我们同样需要打造这种"沧州速度"，加快"三年上水平"步伐。但"沧州速度"决不意味着粗制滥造，虎头蛇尾。我们从打造一流的沿海城市出发，把解放思想作为先导，充分借鉴先进城市的经验，在强化规划龙头地位的基础上，着力打造城市建设的精品，力争把每项大的工程都建成沧州的一张城市"名片"，使其经得起发展和历史的考验。

谋事在人，成事在作风。"三年大变样"体现一个"快"字，推进"三年上水平"更要突出一个"快"字。打造"沧州速度"的关键在于各级领导干部的精神状态和工作作风。我们要引导干部树立"逆水行舟，不进则退"的危机意识，大力弘扬求真务实、真抓实干的作风，切实把这项工作当做一项任务，当成一份责任，提倡"只为成功想办法，不为失败找借口"，提倡"多为前进找理由，少为后退找借口"，在推进"三年上水平"这场攻坚战中有所建树、有所作为，义不容辞地担当起建设沧州、发展沧州的重任。

（作者系中共沧州市委书记）

打造"一主两副多颗星"
全力推进沧州城镇化进程

刘学库

开展城镇面貌三年大变样活动以来，沧州市以迎"两节"、"五城同创"为契机，不断提速城镇化步伐。按照《沧州市城市总体规划》，初步确定了到2012年全市城镇化率达到46%，到2020年，建成中心城市、黄骅新城、任丘市区三个百万人口城市，全市城镇化水平达到60%以上的城镇化总体目标。今后一个时期，我们将把中心城市和县（市）城建设作为重点，全力打造"一主两副多颗星"的城镇发展格局。"一主"，即中心城区；"两副"，即黄骅新城和任丘市区，力争用5-10年的时间，在全市形成三个人口超百万的大中型城市；"多颗星"，即河间、泊头两市及青县、盐山等10个县，力争到2020年，河间、泊头、献县、青县、盐山5个县（市）城镇人口达到40万，其他县争取达到20万。

加快沧州城镇化发展，提高建设水平，从整体上解决城镇发展层次偏低、品位不高的问题，是推进城镇化的重要任务。为此，我们结合省"三年大变样"工作要求，认真学习外地经验，深入剖析，总结出了"六个突破口"、克服"五个困难"、用好"五个机遇"的总体要求。

"六个突破口"即城镇规模小、城镇规划水平低、城镇管理滞后、城镇功能不完善、城镇实力差、各级各部门对城镇化建设认识不到位。

"五个困难"即城市规划、建设、管理人才匮乏的困难，城镇化建设资金短缺的困难，土地因素制约的困难，体制机制不完善的困难，市民整体素质有待提高的困难。

"五个机遇"即国家扩大投资、启动内需的机遇；国家实行积极的财政政策和适度宽松货币政策的机遇；全省开展城镇面貌三年大变样活动的机遇；黄骅综合大港建设和冀中南地区崛起的机遇；中心城区、县城和小城镇加快发展的条件已经成熟的机遇。而且通过近几年的积极探索，我们积累了推进城市建设的一些好经验、好做法，为今后的工作奠定了坚实基础。

在工作中，我们遵循以下六项原则：一是科学发展的原则。牢固树立以人为本、科学发展的理念，坚定不移地走生产发展、生活富裕、生态良好的路子。二是"四位一体"的原则。坚持城乡统筹，以城带乡、以工促农、协调发展。三是"三化"互动的原则。加快城镇化、同步推进工业化和农业产业化，做到互动并进、一体发展。四是政府主导的原则。充分发挥政府在城镇化建设

◎ 狮城新区

◎ 宜居的沧州

中的主导作用，建立健全与经济、社会发展相适应的城镇化规划、建设、管理体系。五是市场运作的原则。把经营理念贯穿于城市规划、建设和管理的全过程，通过市场机制，盘活城市资产，促进以城建城、以城养城、以城兴城。六是突出特色、打造精品的原则。以塑造特色、张扬个性为根本，把地域特色和文化特色有机结合起来。争取每一个建筑都成为标志性建筑，每一项工程都建成精品工程。

首先，做大做强中心城区。按照"西文、中商、东工、一河、两岸、满城绿"的发展思路，进一步完善功能，提升品位，做大规模，壮大实力，打造环渤海地区的区域性中心城市，冀中南地区经济发展的龙头。第二，全力打造两个次中心城市。黄骅、任丘分别处于沧州东西"两翼"的战略位置，经济发展较快，为沧州区域的次中心城市。黄骅新城以黄骅综合大港建设为依托，充分发挥港口、土地和政策优势，按照"先东西、后南北、大聚合"的空间发展思路，突出"以水为魂、以绿为根"的城市特色，加快推动黄骅新城建设。同时，大力发展先进制造业、高新技术产业和现代服务业。到2020年，力争建成百万人口的区域性中心城市，冀中南地区重要的出海口和环渤海地区重要的新兴港口城市。任丘市区重点围绕建设石油城、旅游城，进一步明确城市发展方向和定位，加快拉大城市框架，扩大城区规模，完善载体功能，塑造城市特色。到2020年，城区面积力争达到100平方公里，市区人口达到100万，建设成为全国重要的石油基地、京津休闲度假旅游基地、河北省重要的石化产业基地和富有文化内涵的区域中心城市。第三，全面提升县城建设规模。进一步明确定位，突出特色。提升县城综合承载能力，完善县城功能，提高品位。明确功能分区，优化县城布局。强化产业支撑，提高县城辐射带动力。把县城作为发展县域经济的主要载体，形成县域经济和县城建设的良性互动。

我们将围绕"三高两快"做文章，全力推动城镇化建设再上新台阶。

高起点规划。坚持规划为大、规划为先、规划为要，最大限度地把规划做精做细、做出高水平，避免低层次建设、重复建设。一是舍得投入。在规划方面舍得花钱、敢于投入，把城乡规划编制经费全部纳入市、县两级财政预算，该花多少钱拿多少钱。二是聘请名家大院。聘请高资质、高水平的设计单位、专家来进行规划设计，努力提高规划的档次和品位。每项工程拿出几套方案，组织专家和有关人员进行认真研究讨论，好中选优。三是维护规划的权威性、严肃性。坚持规划一张图、审批一支笔、建设一盘棋，努力做到一张蓝图管到底、建到底。

高标准建设。加大城市建设投入，深入实施"双十"建设工程，推动城市建设上规模、上层次、上水平。为成功举办第十二届中国吴桥杂技节创造条件。

高水平管理。按照"精心、精细、精品"的要求，加快实施数字化、标准化、网络化管理，进一步明确管理重点，细化管理标准，对市容环境、市政设施、园林绿化、公共交通、建筑工地、住宅小区等方面精细管理。

加快搭建平台。加大体制机制创新力度，搭建平台，破除瓶颈，加快推进城镇化进程。一是搭建投融资平台。发挥国有商业银行的主渠道作用，千方百计争取贷款。做大做强城市建设投资公司，进一步完善运营机制，提高资本运作能力，发挥好融资平台作用。二是要搭建用地平台。按照"盘活存量、争取增量、提升质量"的要求，在全市范围内开展闲置土地清理工作，整合项目用地，强化集约开发，提高投资强度，确保实现土地资源利用的最大化。三是搭建政策平台。加快户籍管理制度改革，以及户籍、土地、住房、社会保障等方面的配套政策。

加快发展城镇经济。培育壮大支柱产业，大力发展第三产业和现代服务业，加快基地、园区建设，做大做强中心城市经济。

（作者时任沧州市人民政府市长）

衡水
HENGSHUI

◎生态湖城向我们走来
◎"三年大变样"：加速推进衡水城镇化的一次重大机遇
◎突出生态特色　打造湖城品牌
　全力以赴推进"三年大变样"工作

生态湖城向我们走来

中共衡水市委 衡水市人民政府

为实现衡水市城镇面貌三年大变样的总体目标,衡水市委、市政府决定自2008年开始,按照城镇建设高起点规划,高标准建设,高效能管理的要求,以"创新行政管理体制、打造滨湖生态城镇群、统筹城乡协调发展、建设美丽宜居新衡水"为核心,全面提高城镇化水平,完善城镇功能,美化城镇景观,塑造城镇特色,改善人居环境,努力实现城镇面貌三年大变样的目标。

整体进展及主要成效

(一)大力度实施拆迁,城市改造基础不断夯实

"大拆"才能"大变"。为了给城市大规模建设腾出空间,我市把拆迁作为实现城镇面貌大变样的基本前提,从拆墙透绿、拆违拆迁入手,打响"三年大变样"第一战役。截至目前,衡水市共拆除市区内违法、超限临时建筑和有碍观瞻建筑155.29万平方米,完成拆墙透绿8719米,各县(市)共完成34764米,全部达到省"三年大变样"目标要求。

(二)高水平搞好规划,城市发展定位更加科学

衡水市在充分认真研究国内外城市发展大势,深刻把握衡水发展的阶段性特征和城市发展的资源优势的基础上,充分利用临衡水湖和滏阳河穿城而过的

优势,以湖为韵,以河为脉,以特色产业为支撑,以历史文化为根基,坚持把市区、衡水湖、冀州市整体统筹规划和建设,提出了建设生态宜居的北方湖城的伟大构想。伴随着一项项重点工程的开工建设,宏伟的蓝图正在变成生动现实。

(三)加快基础设施建设,城市承载能力明显增强

围绕完善城市功能、提升城市品位、丰富城市内涵,投资9.9亿元的滏阳河衡水市区段河道综合整治工程开工,衡水将重现当年"河里鱼虾成群,岸上绿树成荫"的美景;按照打造生态宜居的总要求,在湖区,围绕衡水湖打造东湖大道,打通中湖大道、西湖大道、滨湖大道(前进大街)以及40公里环湖景观路网,构建"一湖双城"的城市道路框架体系;在市区谋划了"四路十桥"、人民路改造提升、衡井线东段等重点城市道路交通建设工程;兴建了宝云街菜市场等一批菜市场,结束了我市多年的马路市场历史;启动了总投资约8.8亿元衡水教育园区建设工程,建成后将成为冀东南乃至全省具有示范带头作用的教育园区;为确保市区居民饮用水安全,实施启动了市区地下水源地外迁工程,在滏阳新河内打井27眼,建设加压泵站,铺设18公里输水管道,总投资9652万元,现已投入运营。同时,通过实施集中供热扩容、管道天然气入城、生活垃圾集中处理等基础设施工程,进一步完善城市功能,截至2009年底,市区已参加集中供热面积1010万平方米,热用户约8万户。这些项目的相继建成,不仅使中心城市的辐射带动作用明显增强,还大大提高广大群众的生活环境和质量,三年来,全市市政基础设施累计完成投资是我市城建史上规模最大、数额最多、力度最强的时期。

(四)扎实推进城中村、旧居住区改造工程,居民居住条件大大改善

"三年大变样"以来,我市认真落实省委、省政府关于城中村改造、棚户区改建、旧住宅小区改善的一系列政策措施,紧紧围绕"五线五片"(即榕花大街沿线、东湖大道沿线、人民路沿线、前进街沿线、滏阳河沿线和行政中心片区、中华公园片区、文化中心片区、人民公园片区、怡水公园片区)和市区重点工程建设开展拆迁,共完成各类建筑拆迁33万平方米。截至目前,已对42个旧居住区和23个城中村实施了拆迁,目前,市区回迁房建设共涉及区域(城中村)33个,拆迁总户数约7953户,回迁户数约3783户,需建回迁房5619套,回迁面积66.43万平方米。

（五）突出抓好景观整治，湖城魅力逐步显现

按照美观、安全、经济、节能、环保的原则，在街道环境景观整治中，我市把榕花街、红旗大街、人民路3条街道作为重点街道。2009年底完成了大部分整治任务。共包装改造建筑1006栋，整治规范广告牌匾11321多块，完成单位拆墙透绿共计8719米。购置分类果皮箱900个，新增庭院绿化面积48.72万平方米，打造了一些特色鲜明、魅力独具的示范工程，各类景观要素的建设品位明显提升。充分利用河湖坑塘资源，加快园林绿化景观建设，积极打造城市风景区和风景带，总投资9.9亿元的滏阳河综合整治工程作为我市"三年大变样"的重点工程和民心工程，全部完成后将形成宝云湿地公园、滏阳人文公园、文化中心公园、历史文化走廊、桃花园、龙眼河湾六大景观。到那时，滏阳河两岸将形成水天一色、人与自然和谐相处的新美景，将大大改善人居环境，提升城市品位，提高市民的生活质量和幸福指数，使滏阳河成为具有深厚的历史文化底蕴和现代秀美风情的魅力之河。

（六）以"双城同创"为载体，不断提高城市文明水平

衡水市从贯彻落实好省委、省政府的要求、开展好"三年大变样"工作出发，从推动城市建设和管理协调发展、建设生态宜居的北方湖城的需要出发，从解决老百姓反映突出的问题、满足人民群众的意愿出发，扎实深入地开展好两项创建活动，提高城市的管理水平和文明程度，提升城市的品质和竞争力，使城市面貌迅速改善。活动开展以来，通过开展城市容貌整治突击战，短时间内城市脏乱差得到了有效改善，实现了街道干净卫生、沿街立面整洁美观、交通秩序畅通无阻、市场秩序规范有序、建筑工地文明施工。同时，抓紧谋划今年秋冬季造林工作，加快市区公共绿地建设，精心搞好单位和居住区绿化，提升绿化的档次和品位。

经验与启示

在推进城镇面貌三年大变样工作中，我市结合自身实际，紧紧围绕建设生态宜居北方湖城的总目标，解放思想、迎难而上，大力推进各项重点工程建

◎ 衡水新貌

设,进一步完善城市框架,打造城市精品,推动衡水"三年大变样"上台阶、上水平,也产生了许多有益的经验和启示。

(一)坚持政府主导与市场运作相结合,着力加快建设步伐

"三年大变样"开展以来,我市按照经营城市的理念,不断解放思想,创新思维,"借经念经",借招破题,成立了专门组织,分系统、分部门、分领域、有针对性地研究应对措施,力求把上级精神吃透吃准,把国家政策用足用活。在土地方面,研究制定出台了一些新的举措,坚持盘活存量、争取增量、提高质量三"量"并举,积极推行BOT、BT、TOT等先进融资方式,真正使土地资源变成不竭财源。在资产资金方面,以土地为资本,做大做强开发投资公司融资平台,走土地生财、滚动发展的路子。同时,在"三年大变样"活动中,我市各级部门在"两改(旧居住区和城中村改造)"创新工作举措,搞好"土地确权",提高土地流转效率;推行"毛地出让",破解财政资金不足瓶颈;实施"零地价招拍",增强改造项目的吸引力,这系列措施的出台实施,很好地破解了我市城市建设中的瓶颈问题,推动了各项工作的稳步前进。

(二)坚持重点突破与整体推进相结合,倾力打造精品工程

"三年大变样"工作涉及面广,任务相当繁重。我市按照建设生态宜居北方湖城的要求,重点推进了滏阳河综合整治工程和迎宾大道建设,滏阳河市区段河道综合整治工程作为我市水系工程的重头戏,作为全市的重大民生工程,于2009年2月26日正式开工建设,经过一年多的建设,现在滏阳河综合整治水利工程已完工,正在精心景观建设,届时将成为我市的风景线、景观带。而随着环境变优,河水变清,2009年9月1日,滏阳河干马桥段迎来了3只罕见的黑天鹅,在波光粼粼的水面翩翩起舞。前进大街道路建设是我市"三年大变样"路网建设的重头戏,我市将其作为市区的迎宾大道来高标准打造,经过多方努力,迎宾大道已于2009年元旦通车。

(三)坚持城市定位与自身优势对接,倾力打造生态宜居之城

在"三年大变样"活动中,市委、市政府以城镇面貌三年大变样为契机,作出将衡水打造成生态宜居的北方湖城的战略性决策,以最大限度地发挥衡水湖这一华北单体面积最大的淡水湖及市区的水系布局优势,充分利用水资源,

实现城市科学发展。建设新衡水的大方向进一步明晰：推进"五个转变"、实现"四个一体化"，即城市发展方向由传统的以主城区为中心的发展模式，转变为以衡水湖为中心的生态卫星城发展模式，把湖区既看做景区，也看做城区。主城区由四周多向发展，转变为跨过滏阳河、靠近衡水湖向南发展；衡水湖由单纯的保护为主，转变为有效保护、科学利用；区域建筑由以主体建筑为中心，转变为以水面为中心；城市建设由以道路为轴发展，转变为以河系为轴发展，河在哪里，路修到哪里，城市就建到哪里。努力实现城湖一体化、生态文化一体化、水业一体化和城乡一体化。

（四）坚持城市发展与低碳生态对接，倾力打造生态之城

有着良好水生态的城市是人类向往的城市，能够与人类和谐共处的湿地是可持续发展的湿地，为了实现生态宜居北方湖城的目标，2009年2月26日，滏阳河市区段综合整治工程正式开工，打响建设北方湖城的第一炮。以衡水湖为基点，湖区周边改造工程也在紧锣密鼓地进行着。为实现透湖目标，该市实施了东湖大道衡水湖区段两侧"全部清场"工程，大刀阔斧地对沿道商铺、废旧工厂等进行拆迁。为推动湖城一体化、城乡一体化发展，该市还启动了湖区周边村的新民居建设工程。今年根据湖区的土壤特点，选择耐盐碱树种，实行大树、好树进市区、进湖区，并辅以花草点缀，给衡水湖和水路、道路穿绿衣、镶"花边"，努力营造一湖清水、两岸绿色、三季花香、四季有绿的生态景观。与此同时，启动了中湖大道建设工程，截至目前，基本建成完工，这大大拉近了主城区和衡水湖、冀州市区的距离，让市民感觉到衡水湖就在家门口。

（五）坚持城市改造与民生改善相结合，努力提高幸福指数

打造优越的环境，提升人民幸福指数，是民心所向、众望所归，也是"三年大变样"活动的最终目的。活动开展以来，我市精心打造城市水网、路网、绿网，建设宜居的生态城市。启动总投资9.9亿元的滏阳河综合整治工程；规划了12座污水处理厂，完善了排污管道，将排入滏阳河的生活生产污水全部引入污水处理厂；打通了群众盼望多年的14条断头路；推进了路网改造，人民路、迎宾大道等11条道路和20座桥梁已竣工。与此同时，推进新改建道路、滏阳河沿岸以及衡水湖绿化美化工程，铺起"绿网"，凸显生态城市特色。在市区种植乔木14.6万株、灌木154.3万株，在市区黄金地段拆迁的空地上，建起了15个高标准的中小型绿化广场。

"三年大变样"活动开展以来大大改变了全市城镇落后面貌，大大促进了城市经济的发展，加速了工业化与城镇化融合，为我市又好又快发展带来了前所未有的重要机遇。桃城区作为全市"三年大变样"的主战场，城中村改造和旧居住区改造任务占市区总量的90%以上，"拆违"占市区任务数的80%以上，该区看到其中蕴含的机遇，本着拆一片土地就腾出一片新空间，上一个新项目的目标，围绕产业抓"变样"，围绕民生做城市，促进经济发展的大变样。何庄乡地处城郊，不但土地少，而且城区上工业项目受限大，许多客商即便相中了这里，也无奈摇头离开。"三年大变样"活动的开展，让他们找到了抓发展、抓项目的珍贵机缘。在抓好回迁建设的同时，腾出土地，谋划三产项目和集体经济的发展，每一个村都谋划一个大的三产项目，既增加了集体收入，还能解决村民就业。如有的村借台唱戏，主动借助"三年大变样"自主搞开发，何庄乡西滏阳村成立了西滏阳房地产开发公司，先后建成了滏阳小区、滏丰家园等三个高标准商住小区，使集体积累如滚雪球般不断增值壮大。同时，面对这个千载难逢的大好机遇，桃城区没有消极坐等，而是主动转身，积极融入，把它作为整合产业资源，提升发展水平的契机。"服务城市、借市发展"的新理念，使桃城人对该区"一城三星"的发展战略，有了新的更高目标和定位：依托中心城市，大力发展服务业；依托北方工业基地，打造全国公铁交通配套设施产品制造基地；依托赵圈循环经济园，建设中国北方盐化工聚集区；依托河沿金属品特色镇，建设全国最大的金属制品加工特色产业基地。冀州作为北方湖城的重要组成部分，三年大变样"活动开展以来，冀州市委、市政府始终从最广大人民的根本利益出发，围绕省委提出的"一年一大步，三年大变样"和生态宜居北方湖城的目标，积极融入大衡水城市体系，按照建设"滨湖文化名城"的城市定位，积极融入"水市湖城"大衡水城市体系，启动了湖滨新区建设，全力打造"九州之首、华北水城"的城市名片，让冀东南"滨湖文化名城"逐渐呈现在人们面前。

"三年大变样"：加速推进衡水城镇化的一次重大机遇

刘可为

城镇面貌三年大变样是省委、省政府从战略和全局的高度作出的一项重大决策部署。这项工作开展以来，我们将其作为加快城镇化进程的战略举措，进一步解放思想、创新思路、突出重点、狠抓落实，圆满完成了各项任务目标。"三年大变样"工作的扎实推进，使衡水的城市发展定位进一步明确，城镇面貌发生了明显改观，城市承载能力进一步增强，城市管理迈出了新的步伐，群众的居住条件得到了很大改善。"三年大变样"积累的经验弥足珍贵，取得的成果催人奋进，也更加坚定了我们加速推进城镇化的信心和决心。

一、"三年大变样"是城市发展理念的一场变革，我们进一步明晰了城市的发展定位，初步找到了一条符合衡水实际的城市发展道路

城镇面貌三年大变样是一个思想解放的过程，使我们对城市的认识不断深化。衡水建市晚、基础差、欠账多的基本市情，决定了我们不可能在高楼大厦、现代化设施上和发达城市比拼，必须发挥优势、体现特色，努力走出一条符合衡水实际的城镇化道路。衡水最大的资源是市区内拥有号称京南第一湖、京津冀最美湿地的衡水湖，得天独厚的生态特色是其他地方所不具备的。我们借鉴国内外城市发展的先进经验，立足衡水湖这一具有唯一性的资源优势，突出"生态"特色，做好"湖城"文章，确立了建设生态宜居的北方湖城的城市定位。围绕这一城市定位，我们以衡水湖为中心，推动主城区越过滏阳河向南发展，把衡水市区、冀州城区作为一个城市进行规划建设，构筑"一湖两城"的城市发展基本构架。我们在湖区周边规划了控制面积42.5平方公里的滨湖新区和20平方公里的衡水湖生态城，确立了到2020年城市人口达到100万人、建成区面积达到100平方公里、产业聚集区面积达到100平方公里"三个一百"的城市发展目标。同时，我们还围绕生态湖城的建设，进一步完善了衡水湖的保护开发规划，确立了用林木、绿地、水系、公园、绿网、湿地连接和分隔城市的城市空间布局。城市的发展定位和规划布局，不仅凸显了衡水的城市特色和魅力，而且为科学指导衡水城市的可持续发展打下了较好基础。

二、"三年大变样"是城市建设和管理的一次创新，在这场创新实践中衡水的城市面貌得到了有效改观，城市形象得到了初步提升

城镇面貌三年大变样的实质，就是要增强城市的承载和辐射能力，尽快提高城镇化水平。衡水的城镇化水平较低，不仅落后于发达地区，和全国全省平均水平相比也有较大差距。特别是中心城市基础设施欠账多，基本功能不完善，体现城市水平的标志性建筑少，城市管理滞后。这些方面不取得实质性的改观，衡水的城镇面貌就谈不上真正变样。"三年大变样"工作开展以来，我们紧紧抓住拆迁、建设、管理三个关键环节，加大推进力度，努力让城市变样子、出形象、上品位。"拆"是基础。城市破破烂烂，不下大力气实施拆迁，光靠小修小补，城市永远也变不了样。我们把拆迁作为"三年大变样"的重点来抓，坚持成区域、成规模的拆迁，三年中全市累计完成拆迁面积1690.6万平方米，其中主城区完成605.3万平方米，占建成区既有建筑面积的三分之一。"建"是关键。城市的形象和品位最终要通过建来体现。三年中，全市新建面积1490.3万平方米，在建工程469项，其中主城区235项，累计完成投资303.9亿元，比建市以来的投资总和还要多。基本功能和基础设施建设快速推进，规划实施了一批标志性城市景观建设，13.75公里的滏阳河市区段综合整治，使"十

里长廊，龙脉滏阳"成为衡水的一大靓丽景观。"管"是根本。下大力改革城市管理体制，下移管理重心，建设数字化城市管理平台。针对城市建设管理中的突出问题，深入开展了文明城市和园林城市创建活动，实施马路市场、交通秩序、广告牌匾、建设工地等九个专项整治。大力开展种树植绿活动，建成区绿地率由17.97%提高到35.84%；城市绿化覆盖率由25.1%提高到41.3%。城市向着干净卫生、文明舒适、生态宜居的方向迈出了坚实的一步。三年的努力成果，使广大市民实实在在地感受到，衡水的楼高了，街绿了，水清了，更像一座城市了。三年的实践也使我们学到了城市建设和管理的真学问。

三、"三年大变样"是促进城镇化与工业化互动双赢的有力抓手，有效地提升了城市吸纳聚集产业和要素的能力，带动了城市经济的发展

欠发达地区肩负着工业化和城镇化的双重任务。处理好这两者的关系，形成两者互相促进的局面，是一个十分重要的问题。"三年大变样"实践中，我们进一步体会到这一问题的重要性和紧迫性，也尝到了两者相互促进的甜头。衡水目前正处在工业化初期向中期过渡的阶段，在"三年大变样"工作中，我们坚持把兴城和兴产结合起来，坚定不移地推进工业兴市战略，加快项目引进和产业聚集区建设，努力实现工业化和城镇化的相互促进。我们大力推进企业向园区集中，园区向城镇集中，进一步加大了市经济开发区、北方工业园区、冀衡循环经济园整合推进力度，培育壮大主城区经济，提升主城区吸纳产业和生产要素的能力。同时，加速推进"一湖两城"产业协同发展，整合壮大化工、工程橡胶、生物医药、食品饮品等优势产业，大力发展现代物流和休闲旅游产业，谋划启动了衡水湖休闲旅游产业区、现代高新技术产业区和现代物流产业区，推动形成支撑全市经济的主导产业和带动全市经济发展的增长极。每个县市也都谋划建设了1-2个10平方公里的工业聚集区，并结合本地特色产业发展的实际，加速聚集生产要素，培育自己的主导产业，在产业发展中实现城镇化的提升。去年全市开工建设亿元以上项目505个，比上年增加387个，总投资1350亿元，形成了城镇化与工业化相互借力、互促共赢的良好局面。衡水正在成为一块充满希望的投资热土，衡水的城镇化水平也在不断提高。

四、"三年大变样"是改善民生、保障民生的民心工程，进一步密切了党和政府同人民群众的联系，赢得了广大群众的支持和拥护

城市是人民群众生活和创业的家园。张云川书记指出，做城市，本质是做产业、做民生、做城乡统筹。"三年大变样"，真正得益的应该是老百姓，真正着力的应该是改善和保障民生。在"三年大变样"工作中，我们始终坚持以人为本的思想，努力做到一切为了群众，一切依靠群众，让老百姓共享城市发展的文明成果。一是把维护群众利益贯穿城市建设全过程。在城市改造建设中，我们既注重深入细致地做好思想疏导工作，又注重积极主动地帮助群众解决实际困难，实现了依法推进与有情操作的和谐统一，最大限度地维护群众利益，赢得了群众的理解和支持。三年来，解决了一批多年来想干没干成的拆迁"老大难"，没有因为拆迁出现一起群体上访事件。二是广泛发动和依靠群众。坚持"人民城市人民建"的方针，通过加大宣传力度、开展志愿活动等措施，把群众的积极性和创造性充分发挥出来。广大群众在城市建设中表现出了很强的大局意识和高度的主人翁责任感。在人民公园综合改造中，有600多户居民、150处商铺需要拆迁。广大居民积极支持配合，有的主动支付商铺租赁户的经营损失，使整个拆迁在不到1个月的时间全部完成。三是积极推进民生项目建设。围绕改善市民生活环境，狠抓了一批与人民群众生产生活密切相关的重点建设项目。市区新改建道路110多公里，打通断头路7条，集中供热实现了建成区全覆盖，燃气普及率达到99.3%，地下水源地工程全面竣工，结束了市民长期饮用超标水的历史。特别是通过改造城中村、改善旧小区、建设保障性住房等举措，使群众的居住条件进一步改善。三年里，改造旧住宅小区62.76万平方

米，比省下达的任务多出了一倍。建设回迁房68.82万平方米，拆迁户基本上实现了按时回迁。这些都给群众带来了看得见、摸得着的实惠，老百姓打心眼里拥护支持"三年大变样"。正是由于有了民心的强力支撑，有了人民群众的积极参与，"三年大变样"推进才有了强大的动力。

五、"三年大变样"是提升干部素质、锤炼干部作风的重要契机，带来了各级干部思想观念、精神状态、能力素质的全面提升

干部是推动事业发展的关键。怎样提高干部的素质，加强干部队伍建设，十分重要的是实践的锻炼。"三年大变样"就是这样一个锻炼提高干部的舞台。在"三年大变样"工作中，我们要求干部解放思想，引导各级干部向因循守旧、不思进取开战，向影响城市发展的惯性思维开战，向制约城市建设的困难开战，在推进工作中经受锻炼，提高素质。我们坚持领导带头，按照"一项重点工程，一个市级领导，一个工作班子"的原则，成立29个指挥部，市级四大班子领导人人肩上有任务，全部站在了"三年大变样"工作的第一线，靠前指挥，协调调度，确保了工程进度和质量。建立完善了考核奖惩机制，把各级干部在"三年大变样"中的表现作为考察和使用的重要依据，以发展论功过、以结果论英雄。广大干部大力发扬"5+2"、"白+黑"的精神，全身心投入到城镇面貌三年大变样中，焕发出干事创业的激情和动力。在工作推进中，大家不讲条件，拒绝理由，自我加压，无私奉献，形成了"事在人为、关键在干"的浓厚氛围。也正是靠着这种作风，过去不敢想的事现在敢想了，过去认为干不成的事现在干成了。通过"三年大变样"的实践，我们锻炼出一支能打硬仗的干部队伍，发现了一批有本事、想干事的干部，干部的眼界、作风、素质都有新的提升，这是今后推动衡水加快发展的重要保证。

总之，"三年大变样"变化的不仅仅是城镇，完成的不仅仅是工作，收获的不仅仅是信心。"三年大变样"带给我们的收益是多方面的。这是一笔宝贵的财富，我们要认真总结，使之成为加速推动城镇化的强大动力，成为促进我们事业发展的强大动力。

（作者系中共衡水市委书记）

突出生态特色　打造湖城品牌
全力以赴推进"三年大变样"工作

高宏志

三年来，我们认真贯彻落实省委、省政府一系列决策部署，举全市之力推进"三年大变样"，各项工作取得丰硕成果。这三年，是衡水城建规模最大、投资最多、成效最为显著的三年，也是改写衡水城市发展历史的三年。一是城市形象提升了，很多过去在衡水工作过、到过衡水或回衡水探亲访友的人都对城市的变化感到很惊喜，都说衡水确实变了。二是人气提升了，现在来衡水考察投资的多了，考察投资的大客商多了，来而不留、来而不投的少了。三是居民的认同感、幸福感提高了，百姓满意度提升了。在2010年中央电视台经济生活大调查活动中，衡水被评为全国最具幸福感十大城市之一。

回顾三年来的工作，我们从强化14个抓手、解决7个方面突出问题入手，确保了"三年大变样"的有序有力推进。

一、抓定位、抓规划，明确发展方向，塑造城市特色，解决怎么变、朝什么方向变的问题

对衡水来说，如果仍然按照老路子走下去，就有可能被边缘化、走进死胡同，"三年大变样"关键要在思路上大变样，无论谋划、策划、规划还是建设

都要高起点、高标准、国际化。为此，我们立足衡水市情，对城市战略定位、发展方向展开全方位研究，明确了城市发展的"三个定位"：一是着眼于发挥北方城市独有的生态资源优势，把衡水湖作为城市发展的核心亮点，在特殊、特别、个性化上做文章，明确了打造生态宜居北方湖城的城市战略定位。二是着眼于衡水湖又是北方唯一、国内少有的两座城市之间的内陆湖，把主城区和冀州城一体规划、一体打造，明确了构建"一湖两城"城市空间布局定位。三是着眼未来发展，明确了到2020年形成100平方公里建成区、100万市区人口、100平方公里产业聚集区"三个一百"城市规模目标定位。围绕城市发展新定位，把规划作为"三年大变样"工作的龙头，明确了两条原则：一是规划全覆盖；二是开放规划市场，要求每项规划必须确保3家以上一流设计单位参与竞标，整体提升规划水平。先后聘请英国伟信、台湾大元、中规院、清华大学、同济大学等21家知名规划设计单位展开一系列规划编制工作，初步形成了各类规划梯次衔接、相互协调的规划体系，为高标准建设提供了遵循和依据。

二、抓拆建、抓亮点，完善城市功能，打造精品城市，解决城市承载力不强、标志不突出的问题

衡水城市发展的突出问题，一是基础设施欠账多，基本功能缺失严重；二是低危破旧陋建筑和私搭乱建数量大；三是体现城市性格的标志性建筑少。实现"三年大变样"，必须在这三个方面打开缺口，实施突破。一是抓拆迁，腾出城市发展空间。按照"以拆促建、以拆促改、成片成规模拆迁"的思路，三年来，全市累计完成拆迁面积1690.6万平方米，其中主城区完成605.3万平方米，占建成区既有建筑面积的1/3。工作中，我们坚持有情操作，和谐拆迁，明确了"一条底线、三项要求"。"一条底线"就是坚决不能引发群体性冲突。"三项要求"就是严格依法拆迁，不折不扣地落实补偿政策，维护群众合法权益；提前介入，舆论先行，尽最大努力争取群众的理解和支持；属地管理，强化责任，最大限度地消除了不稳定因素。二是抓建设，完善城市功能。全市新建面积1490.3万平方米，在建工程469项，其中主城区235项，累计完成投资303.9亿元，比建市以来的投资总和还要多。突出抓了城市功能性建设，通过大

力实施东湖大道改造提升、中湖大道新建、前进大街南北延伸、人民路改造提升和打通断头路等工程，新建桥梁34座，新建改建道路111.3公里，初步搭建起了"一湖两城"路网框架，市区主干道实现了路网闭合并与外环路实现了沟通互连；通过大力实施燃气入市和集中供热工程，管道燃气从无到有，用户已达13000余户；集中供热面积较三年前增加3倍，实现了建成区全覆盖。三是抓亮点，打造标志性区域和标志性景观。城市高层建筑由24栋发展到272栋，增加了11倍多，前进街、衡水湖湿地公园、冀州滨湖公园等标志性区域和标志性景观基本建成。特别是投资9.9亿元，突出抓了全长13.75公里的滏阳河城市公园，目前河道综合整治和一期景观绿化已经完工，滏阳河正由过去的"龙须沟"转变为市区环境优美的景观带。同时，立足于城市向南走，全面启动南部滨湖新城5平方公里起步区建设，投资11.5亿元的职业教育园区全部33栋建筑已有29栋完成主体工程；衡水湖生态城的水上运动基地、五星级龙源酒店、温泉养生城等项目也正在加紧建设，今年完工后可具备初步旅游接待能力。

三、抓管理、抓绿化，改善城市形象，提升城市品位，解决脏、乱、差的问题

在管理方面，针对城市建设管理中的突出问题，强力开展了环境卫生、市场管理和交通秩序九个专项整治行动。14条主干道路马路市场和12条以街代市街道全部进行了清理规范，启用新建菜市场8个。14条主干道路和车站、市场、广场等重要公共场所，实现了全天候清扫保洁。完成所有路口新增交通信号灯和渠化改造，市区交通秩序明显改善，平均车速提高30%以上。在绿化方面，深入开展省级文明城市和园林城市创建活动，遵循"林荫型、景观型、休闲型、森林型"设计理念，按照"一街一景、一路一貌、绿美结合"的原则，市区累计种植乔木65.2万株、灌木126万株、花草地被621.3万平方米；园林绿地面积新增772万平方米，达到1561万平方米；建成区绿地率由17.97%提高到35.84%；人均公园绿地面积新增4.91平方米，达到11.34平方米；城市绿化覆盖率由25.1%提高到41.3%。城市环境质量明显改善，连续四年稳定达到国家二级空气质量标准。

◎ 上图：改造中的前进大街
◎ 下图：改造后的前进大街

四、抓融资、抓经营，创新发展思路，破解瓶颈制约，解决资金怎么来、怎么用的问题

按照"城市经营市场化、资金筹措多元化、基础设施社会化"的思路，采取行政推动和市场运作相结合的办法，积极探索以城养城、以城兴城、持续循环发展的城建投融资新模式。一是做大做强城建投融资主体。大力改善金融生态，积极吸引外埠银行资金支持。目前，华夏、中信、兴业、河北等银行在我市的贷款余额已达62亿元，民生银行还在我市建立了分支机构。二是积极引进战略投资者。加强项目包装推介，全面放开城建市场，先后引进中房、中铁等知名企业参与衡水城市建设，目前市区在建城建项目中，外地房地产企业163家，外地施工队伍占到了81%。三年来，累计签约城建项目280个，金额1300亿元。三是盘活城市土地资产。坚持政府垄断土地一级市场，实行统一征地、统一规划、统一开发、统一出让、统一管理"五统一"运作模式，由地产集团一个口进、一个口出，科学有序供地，借地生财聚集建设资金。三年来，累计收储市区土地7782亩，出让2428亩，实现土地收益1.75亿元。

◎ 环境优美的城市

五、抓回迁、抓"三改",确保按时回迁,确保群众安置,解决不和谐、不稳定的问题

把改善人居条件、优化人居环境作为"三年大变样"的落脚点,把"三改"和回迁房建设摆在突出位置,强力调度,强力推进,坚持做到了三个"严格":严格落实"先安置、后开发"原则,分开办理回迁房与开发项目建设手续,凡是没有办完回迁建设手续的,其商住房建设手续一律不予受理;凡是回迁房建设进度达不到80%的,一律不允许预售商住房。严格落实惩处机制,对实力不足、拆而不建、影响恶劣的列入"黑名单",限期不能改正的坚决清除出衡水房地产市场。严格落实时间安排,要求新拆区域必须在拆净一个月内办齐建设手续,所有拆除区域必须确保按时回迁。为加快回迁房建设,市委、市政府主要领导23次召开专题调度会、现场办公会,截至目前,已建设回迁房68.82万平方米,全市拆迁户均能确保按时回迁。同时,高度重视"三改"建设,启动城中村改造项目23个,80%的城中村完成了拆迁和居民安置任务。10个1万平方米以上的棚户区(危陋住宅区)全部拆迁收储完毕,建设完成率达到65.5%。

六、抓园区、抓支撑,园城互动,产城一体,解决财怎么聚、人怎么聚的问题

着眼于提高城市的聚集能力和可持续发展能力,突出抓了园区建设和产业培育,将园区、产业与城市同步规划、同步建设,互为依托、互动推进。园区建设方面:按照工业向园区集中、园区向城镇集中、农村富余劳动力向城镇转移"两集中、一转移"的思路,依托中心城市和县城建设工业聚集区,把园区作为城区来打造,一体规划,统筹推进,以园区聚产业、旺人气、带新城。我们抓住城镇规划修编的机会,在市区北部规划了100平方公里产业聚集区,在每个县城规划调整出了一个10平方公里工业聚集区。同时,大力开展聚集区"对标创建"活动,通过政府推动、政策引导、市场运作、优化服务,加快要素聚集,促进项目集中。特别是全力扶持市经济开发区做大做强,市政府向开发区下放了土地、工商等管理权限,没有下放的全部建立了"直通车"。三年来,开发区建成区面积扩大6平方公里,新入驻项目46个,总投资210亿元,吸纳就业2.2万人，对主城区经济的支撑拉动作用日益显现。产业培育方面，结合市区工业企业外迁，大力发展服务业。为鼓励企业外迁，市政府除在选址、用地等方面给予保证外，还返还原有土地收益的70%用于企业新建和技改。三年来，市区先后搬迁企业70多家，腾出土地450多亩，腾出的土地主要用于发展服务业。同时，结合大广高速开通和衡水湖保护开发，谋划启动了衡水湖休闲旅游产业区、高新技术产业区和现代物流产业区。针对农民进城就业创业制定出台了一系列激励政策，降低农民进城就业创业成本，提高农民进城预期和积极性。去年，主城区新增3万人进城。

七、抓领导、抓督导，上下联动，全民动员，增强凝聚力，激发干劲

一是高位推进，形成了前所未有的工作合力。坚持主要领导主抓、四大班子齐上，成立了由市委书记任组长、市长任第一副组长的"三年大变样"工作领导小组，按照"一个重点工程、一个市级领导、一个工作班子"原则设立29个指挥部，市级四大班子领导人人肩上有任务，全部站在了"三年大变样"工作的第一线。二是制度保障，给予了前所未有的政策支持。先后制定出台"三年大变样"工作实施意见、"一拆两改"工作实施方案等政策文件14件，同时加大房地产开发行政审批和收费制度改革力度，审批事项、公章、收费分别由57项、138枚、52项削减为26项、23枚、30项，审批时限由原来最短半年缩减到不超过10天，保留项目收费标准全省最低。三是强力督查，保持了前所未有的推进力度。建立健全了市级领导定期调度、人大政协专项视察、两办督查室跟踪问效、"三年大变样"办公室定期通报、纪检监察机构全程监督、媒体舆论及时曝光"六位一体"督促落实体系，以制度规范行为，以机制推进落实，在全市形成了攻坚克难的强大声势，有力地促进了各项工作的顺利实施。

（作者系衡水市人民政府市长）

邢台
XINGTAI

◎ "三年大变样"使邢台更具城市魅力
◎ 抢抓机遇　乘势而上　推动邢台城镇面貌三年大变样
◎ 建设美好家园　创造幸福生活

"三年大变样"使邢台更具城市魅力

中共邢台市委　邢台市人民政府

"三年大变样"工作开展以来，邢台市按照全省的统一部署，以全面完成五项基本目标为重点，坚持规划先行、改革创新，狠抓拆、突出建、强化管，拆建结合、建管结合、综合整治，集中财力、突出重点、打造亮点，规划建设了一大批城建工程，廉租住房建设总量排全省第一位，在全省第一家以保障性住房建设为题申报了"中国人居环境范例奖"；两厂（场）建设提前一年完成建设任务，在全省率先全部通过环保验收，总量排全省第二；在全省率先全部完成了全市所有县（市）的新一轮总规修编。三年来，累计完成城建投资620亿元，是邢台市建设史上投入最多、力度最大、成效最显著的三年。

一、城市环境质量明显改善

加大大气和水环境治理力度，2008年、2009年市区空气质量二级及以上天数分别达到331天、338天。2009年，邢台市空气质量首次达到国家二级标准，实现了历史性突破。狠抓省市"双三十"节能减排，列入省"双三十"的3个县市、4家企业和市"双三十"重点企业、工业聚集区均提前完成了"十一五"节能减排考核目标。连续三年开展了"洁净蓝天"行动，市区供热供气范围内的341台燃煤取暖锅炉进行了拆除或改造为天然气，拔除燃煤锅炉烟囱228根。两厂（场）建设方面，列入省考核的17座污水处理厂、15座生活垃圾处理场均已建成并投入使用。市区医疗废物处置中心按期建成，实现了所有医疗废弃物集中处置。

二、城市承载能力快速提升

以空前力度实施了市区路网建设，三年来市区共安排121项路网工程，完成投资132亿元。郭守敬大道、兴达路贯通、顺德路南延、泉南大街西延、中华大街西延、团结大街西延、滨江路南延等一系列备受群众关注的路网工程建成，打通市区断头路28条，不仅极大改善了市区通行状况，更为加快城市发展奠定了坚实基础。大力开展小街小巷整治工程，82条小街小巷整治工作全部完成，粉刷旧小区楼体870栋，旧区面貌焕然一新。高速公路建设进入历史高峰期。三年来新开工建设高速公路266公里，全部建成后通车里程将达到567公里，增长88.4%。实施了一批城市水气热电工程，三年来，市区共关闭自备井123眼；建设加气站8座，市区燃气普及率达到99%以上，天然气使用比重达到69.51%。三年来，市区发展集中供热1090万平方米，供热总面积达到2197万平方米（其中热电联产面积1960万平方米），市区集中供热普及率达到81.38%。启动了西北新区建设，成立了专门领导小组，启动了20平方公里的规划编制工作。

三、城市居住条件大幅改观

加大低收入家庭住房保障力度，2008年以来，全市33202户住房困难家庭得到了基本住房保障；人均住房建筑面积15平方米以下的城市低收入家庭廉租住房保障率达到100%。全面完成了省定"三改"工作目标任务。城中村改造方面，已全部完成22个城中村改造，实现了"四个转变"。棚户区改建方面，原有房屋面积1万平方米以上的13个棚户区全部实施改造，总拆迁面积73.6万平方米。旧小区改善方面，建筑面积3万平方米以上的16个旧住宅小区全部完成，完成投资1572万元，改善面积77.6万平方米。同时，加大商品住房建设力度，三年累计建设商品住宅420万平方米。

◎ 邢台市貌

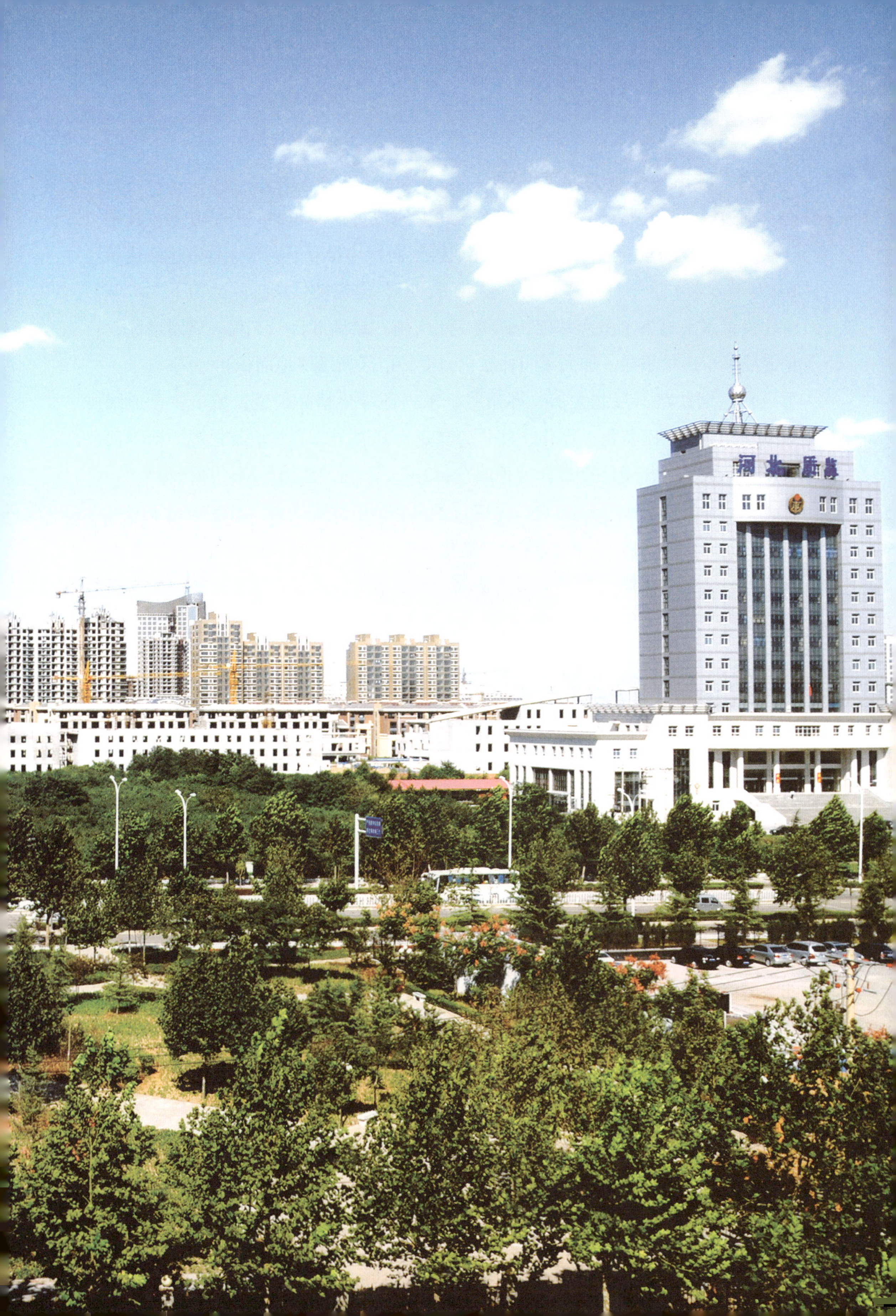

四、城市现代魅力显著增强

强力推进拆违拆迁，截至目前，全市共完成拆迁面积2443万平方米（其中违法建筑307万平方米），其中市区完成拆迁面积1074万平方米（其中违法建筑164万平方米），一批"违、临、破、陋、旧"建筑被依法拆除，为下一步城市建设上水平打下了坚实基础。连续三年实施"绿满邢台"工程。建园增绿、见缝插绿、造景添绿，加大了园林绿化力度，市区新增绿地面积489万平方米。重点打造钢铁路、泉北大街、邢州路、东三环绿化精品街道，城市主干道绿化率达到30%。以美化、亮化、硬化为亮点，开展了市容整治及景观整治专项行动。完成主要街道临街楼体屋顶改造142栋，清洗、高档粉刷、高档包装835栋，整治各类广告牌匾1.3万块，完成11条主要街道线缆入地，有效净化了城市空间；完成楼体、道桥、公园绿地等亮化717处，打造了清风楼仿古街、大开元寺广场、金牛中兴广场等多个精品亮化区片，基本实现了市区主要街道夜景亮化全覆盖，形成了具有邢台特色的夜景亮化景观体系。

五、城市管理水平全面提高

完善管理体制，制定出台了《关于进一步深化城市管理体制改革的意见》以及《城市源头管理办法》、《城市维护资金使用管理办法》等文件，为加强城市管理提供了体制保障。提高管理水平，推行数字化管理模式，整合公安、交通资源，建立数字城市管理系统，实现监控全覆盖、管理无缝隙。开展集中治理交通秩序活动，城市交通秩序明显改善。提高城市管理应急处置水平，2009年5月的特大暴雨和11月暴雪灾害后，快速启动应急处置措施，保障了市民出行和城市交通运行。提升人文素质，2008年，在全省率先完成了《市民文明公约》的修订工作，以"城镇面貌三年大变样，市民素质大提高"活动为主题，通过在新闻媒体设置专题、专栏，印发宣传画和宣传册等多种形式在全市范围内对《市民文明公约》进行了广泛宣传。通过每月评选"邢台好人"等群众喜闻乐见的形式，表彰先进，宣传典型，收到了良好社会效果，促进了市民素质的提升。

邢台 Xingtai Shi | 259

◎ 崛起的牛城

抢抓机遇 乘势而上
推动邢台城镇面貌三年大变样

姜德果

这三年是邢台市城建投入最多、拆迁改造力度最大、城市基础设施建设最快的三年，也是城乡居民生活环境、居住条件改善最大，各级干部思想观念、精神状态、能力素质发生深刻变化的三年。"三年大变样"带来的巨大物质和精神财富、形成的丰硕工作和思想成果，必将产生深远的影响，在河北、在邢台发展史上留下浓墨重彩的一笔。

一、坚持一切为了群众、相信依靠群众，动员广大群众积极投身到"三年大变样"工作中来

城镇面貌三年大变样是一项群众性很强的工作，根本目的也是为了提高广大人民群众生活质量和幸福指数。只有充分调动起人民群众的积极性，动员各方面力量共同建设幸福家园，才能推进"三年大变样"工作顺利开展。我们坚持把宣传发动群众贯穿工作始终，把改善民生作为各项工作的出发点和落脚点，无论规划、拆迁、建设和管理，都注意广泛发动群众参与，集中群众智慧，照顾群众利益，满足群众期待，把推进"三年大变样"的过程作为做好群众工作、密切党群干群关系、提高人民群众幸福指数的过程。在实施每一项决策之前，

都通过多种形式搞好宣传发动工作，使各项决策的目的让群众明了，实施决策的过程让群众参与，充分调动起广大群众参与城镇改造建设和管理的积极性、主动性和创造性。在制定规划上，我们坚持全过程公开，每一项规划都进行公开展示，广泛征求方方面面的意见，做到变成什么样，三年早知道；在拆迁改造过程中，坚持阳光操作、有情拆迁，拆建方案及时向社会进行公示，尽可能照顾到了绝大多数拆迁户的利益。这三年，全市完成拆迁2400多万平方米，其中市区1000万多平方米，总体上实现了和谐拆迁。在建设过程中，着力实施便民惠民工程，新区建设和旧区改造都注意留足产业发展用地，把城市的金角银边留给服务业，吸引农民到城市就业居住；实施"一保三改"工程，中心城区完成22个城中村、13个棚户区、16个旧住宅改造任务；全市3.4万多户住房困难家庭得到了基本住房保障，廉租住房建设总量排名领先。在城市管理上，强化小街小巷治理以及小游园、小市场等与群众生活息息相关的工程建设，注意增加便民服务设施，大大改善了群众居住和出行条件。正是因为发动群众比较充分，广大城镇居民又在改造建设中普遍感受到了便利和实惠，激发了广大群众支持参与城镇改造建设的热情，为"三年大变样"工作顺利实施提供了强大力量。

二、强化规划龙头作用，引领城镇改造建设健康有序的开展

规划不仅是城镇建设的纲领，也是城镇管理的依据，更是城镇竞争的资本，对城镇建设和管理具有先导、基础和引领作用。我们坚持规划先行，围绕"三年大变样、变成什么样"来制定规划，努力把"环境质量明显改善、承载能力显著增强、居住条件大为改观、现代魅力初步显现、管理水平大幅提升"五项基本目标要求具体化、形象化，通过规划变成有形建筑、工程项目和进度安排，用规划引导变化。2008年提出规划优先、以拆促建、强化管理；2009年强调继续拆、突出建、强化管，2010年坚持有序拆、突出建、精心管，都始终坚持规划为龙头，以规划引领拆迁、建设、管理有机结合、协调推进。三年来，市县两级在编制各类城市规划上舍得投入，基本构建起层次分明、相互衔接、完善配套的规划体系，并将规划管理延伸到乡村，实现城乡规划管理全覆盖。坚持开门搞规划，与国内20多家规划设计单位开展了合作，城市规划设计

层次大大提高。以城镇和土地利用规划修编为契机,每个县(市)都在城区规划建设了10-20平方公里的工业聚集区,初步解决了因为城镇周边基本农田占比过高不能建设工业聚集区的问题,成为支撑区域发展最重要的增长极和促进城镇面貌变化的新平台。城市规划的不断完善,使城市拆迁、建设和管理真正实现了有章可循、有法可依、有法必依,提升了城镇建设的科学化水平。

三、坚持外延扩张与内涵提升并重,在改善城市外在形象的同时着力提升城市宜居宜业水平

优良的城市环境不仅体现在繁华有序、现代气息的外在形象上,更体现在功能完备、舒适宜居的内在品质上。在实际工作中,我们既大力改变脏乱差的市容市貌,更注重完善基础设施,提升服务功能,不断提升城镇的形象和品质,

◎ 牛城之夜

增强城市对优质生产要素的吸引力和承载力。三年来，我们切实加大环境治理力度，市区燃煤取暖锅炉全部进行拆除或天然气改造，摘掉了全国空气污染严重城市"黑帽子"，市区空气质量达到二级城市标准；高水平设计、高标准建设了一批精品建筑，形成了城市亮点和新地标；以美化、亮化、硬化为重点，开展了市容整治及景观整治专项行动，打造了多个精品亮化区片；实施"城市增绿"工程，全市城镇绿地面积新增389公顷，人均公园绿地面积增加6.83平方米；特别是七里河综合治理工程，投资21亿元，治理河道18公里，市区人均新增水面9.5平方米、绿地14.4平方米，形成滨水景观长廊；推行数字化管理模式，实现全方位、全过程管理。强化城市的科技、教育和文化中心功能，市区实施了5所市级医院改扩建工程，规划建设了占地2000亩的职教园区，5所中高职院校新校区全部开工建设，形成了邢台的一大特色和名片。加强城市基础设施建设，实施路网

◎ 七里河新华路大桥

工程121项，打通断头路28条，改善了市区通行状况；积极打造"东出西联、南承北接"大交通枢纽，谋划实施了一批交通干线工程，改善了城市交通区位状况。随着城市基础设施的不断改善、承载能力的不断提升，城市聚集先进要素、聚集人才、聚集财富的能力越来越强，近年来，先后有中钢、中煤、中盐、中航工业、中国重汽、香港和记黄埔及美国卡博特等国内外知名企业来我市投资。

四、坚持统筹城镇化建设与新农村建设，促进城乡建设良性互动、城乡发展协调推进

城镇化是农村人口向城镇转移和人们的生活方式向城镇方式过渡的过程。城镇化程度越高，城镇的二三产业越发达，城镇的功能越健全，对农村的辐射和带动作用就越强。我们牢固树立以城镇化带动新农村建设的思路和理念，把城镇化与新农村建设结合起来，统筹规划，协调推进。在中心城区，着眼于统筹中心城区与周边县市同城、同质化发展，我们科学谋划区域定位和空间布局，实施了"一城五星"统筹发展战略，对市区周边的邢台县、沙河市、南和县、任县、内丘县实行按区管理，统筹总体发展、市政设施、产业布局等，使卫星城与中心城市呈现出"贴近、借助、融合"发展共赢局面。在县域，着力推动工业向园区集中，园区向城镇集中，居住向社区集中，特别是对30万左右的人口小县，强化工业布局"零乡镇"思维，一般只在县城规划一个工业园区，并把学校、医院等社会事业，适当向县城和中心镇摆放，促进人口向城镇聚集。在新民居建设上，坚持尊重科学，遵循规律，凡是城边村、城郊村能纳入城镇发展规划的，实行村改居；凡是能几个村联建的就进行联建，打造成小城镇雏形；工业比较发达的村，在新农村建设中注意把工业区和居住区分开，并充分发挥工业园区对周边村工业的吸纳能力。近三年，全市共启动实施了260个省、市级新民居示范村建设，不仅改善了农村居住环境，而且腾出大量基础设施和城镇开发建设用地，为城镇进一步发展奠定了基础。

五、强化干部队伍素质提升，增强推动城镇建设的本领

各级领导干部作为城市发展的策划者、决策者和管理者，其能力和水平

在很大程度上决定着城镇化建设的方向和成效。我们坚持"三年大变样",干部能力素质先变样。省委、省政府对全省市县两级的党政主要领导、主管领导和城建部门的负责人进行专题培训之后,我们利用一年的时间在清华大学举办了多期城镇化知识培训班,并不断拓展和延伸培训的层次和范围,扩大培训的覆盖面,使广大干部推进城市化的知识和本领有了较大提高,思想更加解放,思路更加开阔,促进了城市规划、建设、管理体制机制的创新和完善。我们积极探索城乡建设用地和投融资新模式,有效破解了城市用地难题和建设资金瓶颈。我们积极改进城市规划管理、住房保障、房地产审批、户籍管理等体制机制,出台了一系列政策性文件,为城市化加速推进提供了有力保证。房管部门首创的房产登记办证"立等可取"模式在全省推广。我们把推进城镇面貌三年大变样作为检验干部作风的"试金石",深入推进干部作风建设,在"三年大变样"的实践中强化各级干部求真务实、真抓实干的作风,弘扬特别能吃苦、特别能战斗的精神,提升敢于较真碰硬、勇于承担风险、善于克难攻坚的执行力,保证了"三年大变样"各项目标任务的落实。

"三年大变样"提高了我市的城镇化和现代化水平,提升了广大干部建设管理现代城市、统筹城乡发展的水平,提振了全市人民科学发展、赶先进位的士气和信心。但我们也清醒地认识到,"三年大变样"只是阶段性任务,我们所做的工作仅仅是整治性、"补课"性、"还账"性的,与省内外先进城市相比,与城镇化发展要求相比,与群众的愿望和期待相比,还有很大的差距。下一步,我们将在省委、省政府的正确领导下,紧紧围绕繁荣和舒适两大目标,坚持新区开发与旧城改造并重,扎实推进城镇建设三年上水平,努力把邢台打造成为区域经济发展高地、生态宜居幸福家园,满足全市人民建设美好家园、过上美好生活的新期待。

(作者系中共邢台市委书记)

建设美好家园　创造幸福生活

刘大群

省委、省政府作出推进城镇面貌三年大变样的战略部署，体现了对河北发展阶段的科学判断，体现了对城镇化发展规律的准确把握，抓住了制约我省又好又快发展的主要矛盾，符合全省人民的根本利益，也非常符合邢台的发展实际。三年来，邢台市各级各部门认真贯彻省委、省政府的决策部署，把推进"三年大变样"作为提升城镇承载功能、加速城镇化进程的有力抓手，作为统筹城乡发展、活跃经济社会发展全局的强力引擎，作为提升区域综合竞争力、打造新的竞争优势的重要平台，创新思路、克难攻坚，城镇框架进一步拉大，设施功能更加完善，城镇化水平显著提升。这三年，是我市城建史上投入力度最大、推进速度最快、建设成效最为显著的一个时期，全市的城镇面貌发生了历史性变化。

"三年大变样"的顺利实施，不仅带来了城镇面貌的大变样，也带来了广大干部群众思想观念、精神状态和工作作风的大变样，创造了许多推进工作的好经验、好做法。特别是通过"三年大变样"，促进了干部群众思想的大解放，突破了制约我们发展的许多思想障碍和体制障碍；锤炼了干部队伍，培树了各级干部"干就干好、事争一流"的工作作风。这些必将进一步坚定广大干部群众建设美好家园、加快科学发展的信心和决心。通过"三年大变样"，主

要有以下几点体会：

解放思想是推进"三年大变样"的有力杠杆。城镇面貌三年大变样工作每推进一步，无不与思想的不断解放息息相关。我们没有把"三年大变样"仅仅作为改变城镇面貌的一个手段，更将其看做是优化招商引资环境的机遇、促进产业集聚的途径、改善民生的抓手、检验干部作风的试金石。从最初的拆墙透绿、拆违拆迁到"穿衣戴帽"，再到大规模的改造建设，从一些干部群众最初的不解观望、被动适应到认同支持，再到全市上下的自觉推进。"三年大变样"形成了一种前所未有的氛围，形成了一种前所未有的推进合力，靠的就是在实践中提高认识，在实践中解放思想。我们投资47亿元对七里河进行综合治理，把一个原来生态环境极其恶劣的垃圾场变成了风光秀丽的都市新区，中心城区人均新增水面9.5平方米，新增绿地14.4平方米，两岸18公里滨河观光道绿化长廊基本形成。着眼于城市的可持续发展，在中心城区北部谋划了总面积291.46平方公里，集汽车装备制造、煤化工循环经济、职业教育、综合行政服务等为一体的邢台新区，并已列入省"十二五"规划。

改革创新是推进"三年大变样"的持久动力。推进"三年大变样"的过程，是创新体制机制的过程。各级各部门在拆违拆迁、资金筹集、土地出让、

◎ 达活泉公园

城镇基础设施建设等方面，大胆尝试、勇于开拓，不断深化体制机制改革，创造性开展工作，在许多关键环节和重点问题上实现了大的突破。盘活土地存量，实现土地的最大增值，支持基础设施建设和旧城改造。全面清理规范市本级行政职权，削减行政审批事项402项，压缩行政处罚自由裁量幅度70%以上，在全省率先实现了网上审批和电子监察，首创的房产登记办证"立等可取"和道路交通事故快速处理模式在全省推广。着眼于破解城建融资难题，组建了市政府投融资管理中心和市交通、建设融资平台，整合国有"四资"60多亿元，积极探索BT、BOT等形式引进资金，支撑了城镇建设和发展。

以人为本是推进"三年大变样"的本质要求。让人民群众共享城市文明成果是城镇建设的最根本目的。我们在工程建设上，突出了生态建设、绿化亮化，创造优美环境；突出了基础设施建设，增加路网密度，提高通行能力；突

◎ 七里河同心桥亲水栈道

出了住房保障，解决低收入家庭的住房问题。狠抓"菜篮子"工程，中心城区三年共建设市场25个，总建筑面积8.14万平方米。在城镇管理上，从群众关注的热点难点问题入手，从人性化的角度作好环境秩序整治，初步解决了城区小街小巷的硬化亮化问题，解决了垃圾乱扔、乱倒等环境卫生问题，解决了车辆乱停、乱行等交通无序问题，为群众营造了洁净有序的生活环境。

拼搏实干是推进"三年大变样"的可靠保证。城镇面貌三年大变样工作开展以来，通过大规模的拆迁，彻底改变了长期以来修修补补、小打小闹的被动局面，在较短时间形成势如破竹、所向披靡的强大声势，形成了只争朝夕、大干快变的强劲态势。各级领导干部指挥协调在一线，解决问题在一线，消化矛盾在一线，涌现出了许多感人的事迹。三年来，中心城区通过拆迁腾出土地2600万平方米，不仅拆出了宝贵的土地资源，拆出了城市发展的空间，更重要的是拆出了大变样的信心，拆出了大发展的斗志。

总之，"三年大变样"取得的显著成绩，增强了广大干部群众的自信心、自豪感，营造了参与城镇建设、共享美好生活的浓厚氛围，工作中形成的先进理念、实干作风、高效机制为今后的城镇建设乃至各项工作开展奠定了良好基础。目前，我们又站在了"三年上水平"的新起点上，只要我们坚定不移地贯彻省委、省政府的决策部署，大力发扬"三年大变样"取得的宝贵经验，不断创新思路，扎实开展工作，就一定能够取得城镇建设的新成绩，让我们的城镇更加繁荣和宜居，使广大群众的生活更加舒适和幸福！

（作者系邢台市人民政府市长）

图书在版编目(CIP)数据

精彩蝶变：河北省城镇面貌三年大变样设区市风采录/河北省城镇面貌三年大变样工作领导小组，河北省新闻出版局编 . —石家庄：河北人民出版社，2011.8
（河北走向新型城镇化的实践与探索丛书）
ISBN 978-7-202-05898-5

Ⅰ.①精… Ⅱ.①河…②河… Ⅲ.①城镇-发展-经验-河北省 Ⅳ.①F299.272.2

中国版本图书馆 CIP 数据核字（2011）第 065905 号

丛 书 名	河北走向新型城镇化的实践与探索丛书
书　　名	精彩蝶变
	——河北省城镇面貌三年大变样设区市风采录
主　　编	河北省城镇面貌三年大变样工作领导小组
	河北省新闻出版局
责任编辑	宋　佳
美术编辑	于艳红
责任校对	付敬华
出版发行	河北出版传媒集团公司　河北人民出版社
	（石家庄市友谊北大街330号）
印　　刷	河北新华联合印刷有限公司
开　　本	787 毫米×1092 毫米　1/16
印　　张	17.75
字　　数	249 000
版　　次	2011 年 8 月第 1 版　2011 年 8 月第 1 次印刷
书　　号	ISBN 978-7-202-05898-5/C·221
定　　价	82.00 元

版权所有　翻印必究